SCHRIFTEN AUS DEM GESAMTGEBIET DER GEWERBEHYGIENE

HERAUSGEGEBEN VOM INSTITUT FÜR GEWERBEHYGIENE IN FRANKFURT A. M.

NEUE FOLGE. HEFT 3

Die Arbeiterkost

nach Untersuchungen über die Ernährung Basler Arbeiter bei freigewählter Kost

Von

Dr. Alfred Gigon

Privatdozent für innere Medizin an der Universität Basel

Springer-Verlag Berlin Heidelberg GmbH 1914

ISBN 978-3-662-34365-4   ISBN 978-3-662-34636-5 (eBook)
DOI 10.1007/978-3-662-34636-5

Softcover reprint of the hardcover 1st edition 1914

Inhaltsverzeichnis.

———

I. Einleitung.

Die Prinzipien der normalen Kost des Menschen sind noch nicht mit Sicherheit aufgestellt. Die gerade heutzutage hartnäckigen Kämpfe für eiweißarme oder eiweißreiche Kost, pro et contra Vegetarianismus, legen ein deutliches Zeugnis unserer Unsicherheit ab. Wir kennen zwar die organischen Bestandteile unseres Körpers und unserer Nahrungsmittel: es sind das Eiweiß, das Fett und die Kohlehydrate. Wir wissen ferner, daß mit diesen Substanzen eine gewisse Menge Energie dem Organismus zur Erhaltung des Lebens unbedingt zugeführt werden muß. In welchem Verhältnis sollen aber Eiweiß, Fett, Kohlehydrate, Kalorien in der normalen Ernährung zueinander stehen? Mit welcher Größe soll das animalische Eiweiß in der Normalkost des Menschen vertreten sein? Die Lösung dieser Fragen ist von fundamentaler Bedeutung. Die Kost der Soldaten, der Arbeiter, der Gefangenen usw. soll dieser „Normalkost" entsprechen. Die Frage der Ernährung berührt nicht nur das wichtigste Gebiet der Physiologie und der Medizin; sie ist auch ein Hauptkapitel der Nationalökonomie. „Das Schicksal der Nationen hängt von der Art ihrer Ernährung ab." (Brillat-Savarin.)

In zahllosen Schriften aus gewissen Kreisen hat es den Anschein, als wären diese Fragen schon längst gelöst. Die Autoren solcher Werke wecken die Vorstellung und glauben wohl selbst, die Sache wäre sehr einfach, und die ganze Nahrungsfrage ließe sich in einigen drastischen Sätzen abtun. Physiologisch festbegründete Untersuchungen über die Normalkost des Menschen sind selten. Bis jetzt sind in der ganzen Welt kaum zwölf zu finden. Dies allein deutet schon auf die Schwierigkeit der Aufgabe hin.

Sozialpolitiker haben, durch die Teuerung des 20. Jahrhunderts angeregt, zahlreiche Erhebungen in den letzten Jahren über den Massenverbrauch an Lebensmitteln angestellt. Derartige Erhebungen geben wertvolle Aufschlüsse über den Konsum an Nahrungsmitteln in Städten, bei gewissen Völkern, in Arbeitermenagen u. ä. Allein sie geben uns über die Anforderungen, welche man an eine richtige Nahrung stellen muß, keine Anhaltspunkte. Die Normen einer zweckmäßigen Ernährung müssen auf physiologischer Grundlage beruhen. Dieselben sollen für jede Art der Ernährung, auch für die billigste und die einfachste, gültig sein. Um diese Gesetze kennen zu lernen, haben eine Anzahl Forscher die Kost des Menschen derart untersucht, daß sie prüften, ob eine vorher abgemachte Kost den Bedürfnissen eines Organismus entsprach oder nicht. Der menschliche Körper kann aber für eine mehr oder weniger lange Zeit unter den verschiedensten Bedingungen in Stoff- und Energiegleichgewicht gebracht werden. Gewisse erwachsene Individuen können z. B. mit 1000—1500 Kalorien ihr Energigleichgewicht behalten; andere verzehren 5000—6000 Kalorien, ohne dabei Fett- oder Eiweißansatz zu erzielen. Was ist hier die rationellste Art und Weise der Ernährung? Dieselbe läßt sich nicht aus Resultaten von Laboratoriumsversuchen ableiten. Wir müssen dafür die frei gewählte Kost des Menschen untersuchen.

Das zweckmäßigste Untersuchungsobjekt ist hier zweifellos die frei gewählte Arbeiterkost. Der Arbeiter, wenn er mit einem nicht sehr hohen Lohn eine Familie unterhalten soll, ist gezwungen, eine den Bedürfnissen des Körpers möglichst angepaßte Kost zu genießen. Eine solche Kost stellt das Resultat einer durch Jahrhunderte gesammelten Erfahrung dar. Allerdings trägt sie auch in einigen Zügen den Stempel der jetzigen Zeit mit ihren Fehlern und Auswüchsen. Letztere müssen auf Grund der modernen physiologischen und chemischen Kenntnisse korrigiert werden.

Man hat da und dort einmal Erhebungen über die frei gewählte Kost einiger Personen angestellt und den Versuch gemacht, daraus die Normen einer richtigen Nahrung zu ziehen. Allein die Berechnungen bei derartigen Versuchen beruhen meistens auf nicht sehr wertvollen oder für diesen Zweck kaum brauchbaren Mittelwerten aus der Literatur. Untersuchungen über die frei gewählte Kost des Menschen geben nur dann wissenschaftlich sichere Resultate, wenn, bei richtiger Versuchsanordnung, die von den Versuchspersonen gewählten tischfertigen Speisen direkt analysiert werden. Diesen letzteren Weg habe ich für die hier zu besprechenden Untersuchungen gewählt. Es ist selbstverständlich, daß solche Untersuchungen auf eine relativ kleine Zahl von Versuchsindividuen beschränkt werden müssen. Sie allein aber erfüllen in befriedigender Weise die für die Lösung der in Betracht kommenden Fragen bei weitem wichtigste Bedingung: die Genauigkeit.

Für die Schweiz und speziell für Basel lagen bisher derartige Untersuchungen nicht vor. Die vorliegenden Versuche sind bei 8 Arbeitern ausgeführt worden. Die Zusammensetzung sämtlicher gebrauchten Speisen und Getränke wurde unter meiner Leitung von den Herren Linetzky und Grajewsky oder von mir selbst direkt bestimmt. Die Arbeiten von Linetzky und Grajewsky stellen das größte bisherige Analysenmaterial tischfertiger Speisen dar. Für ihre Mitarbeit spreche ich den beiden Kollegen meinen Dank aus.

Die vorliegenden Untersuchungen wurden im Laboratorium der Allgemeinen Poliklinik, Basel, ausgeführt. Es sei mir gestattet, dem Direktor der Poliklinik, Herrn Professor Egger, den besten Dank für sein Interesse an meinen Untersuchungen hier auszusprechen.

II. Die Versuchspersonen und die Untersuchungsmethoden.

Als Versuchspersonen habe ich nur möglichst zuverlässige Individuen ausgewählt. Alle gelten als solide, nüchterne Arbeiter, welche ein regelmäßiges Leben führen. Meine Untersuchungen umfassen 8 gesunde Personen[1]) mit 8 Versuchen während im ganzen 62 Tagen. Mit Ausnahme von einer waren alle Versuchspersonen von mittlerem Alter und verheiratet.

Zur Charakteristik der Versuchspersonen seien folgende Daten mitgeteilt:

Versuchsperson I. Br. J., 37 Jahre, Bauschlosser. Verheiratet, keine Kinder. Körpergewicht 64,2 kg. Länge 166 cm. — Gesunder, sehr kräftig gebauter Mann. Raucher. — Arbeitszeit: 7—12 Uhr und 1½—6 Uhr. Total 9½ Stunden. Tageslohn 6,50 frs.

Versuchsdauer: 9 Tage (24. I. bis 1. II. 1912). — Die 24 stündige Versuchsperiode begann jeweils um 6 Uhr morgens.

Die einzelnen Mahlzeiten waren:

Frühstück: Kaffee mit Milch, 6 mal Kartoffeln, 4 mal Brot 1 mal Käse. 9 Uhr (während der Arbeit): 7 mal Fleisch mit Brot, 1 mal Käse mit Brot, 1 mal Bier.

Mittagessen: Suppe, 8 mal Fleisch und Gemüse, 6 mal Kaffee mit Milch und Zucker, 1 mal Omelette mit Zwetschen, 1 mal Brot, 2 mal Wein, 1 mal Bier.

Nachtessen: 8 mal Kaffee mit Milch und Brot, 1 mal Tee, 5 mal Fleisch, 3 mal Käse, 2 mal Kartoffeln, täglich etwas Zucker, 3 mal Bier.

Bei dieser Kost fällt folgendes auf: 3 mal täglich Kaffee mit Milch, meistens dazu etwas Brot. 3 mal täglich Fleisch oder Käse. Etwas Bier oder Wein. Mittags immer Suppe.

Versuchsperson II. H. A., 28 Jahre, Kesselschmied. Verheiratet, 2 Kinder. Körpergewicht 58,4 kg. Länge 155 cm. — Gesunder kleiner, aber kräftiger Mann. Raucher. — Arbeitszeit: 7—12 Uhr und 1½—6 Uhr. Total 9½ Stunden. Tageslohn 5,80 frs.; zu diesem Einkommen kommt der Verdienst der Frau mit zirka 3 frs. pro Woche hinzu. Die Frau arbeitet in gewissen Familien als „Stundenfrau" (Putzfrau), besorgt aber selbst ihre Haushaltung.

Versuchsdauer: 7 Tage (18. II. bis 24. II. 1912). — Die 24 stündige Versuchsperiode begann jeweils morgens 6 Uhr.

Die einzelnen Mahlzeiten waren:

---

[1]) In den Arbeiten von Linetzky und Grajewsky sind Analysen von Speisen mitgeteilt, welche von 9 Arbeitern geliefert wurden. Der neunte Arbeiter erwies sich als unzuverlässig, so daß ich hier denselben außer Betracht lasse. Die Analysen der von diesem Arbeiter gebrachten Speiseproben behalten natürlich ihren Wert.

Frühstück: Kaffee mit Milch und Zucker, kein Brot. 1 mal (Sonntag) Kaffee mit Schokolade, Brot und Zucker.

9 Uhr: Brot, 2 mal Fleisch, am Sonntag Wein allein.

Mittagessen: Suppe, 4 mal Fleisch, 1 mal Fisch, 1 mal „Käsmus", 6 mal Kartoffel oder Mehlspeise, 5 mal Kaffee mit wenig Milch, meistens ohne Zucker, 2 mal Wein.

4 Uhr: Sonntags: Tee, Milch, Zucker, Brot, wenig Butter (an den übrigen Tagen nichts).

Nachtessen: 5 mal Kaffee mit wenig Milch, 3 mal Bier, 3 mal Fleisch, 1 mal Käsmus, täglich Gemüse oder Mehlspeise, 1 mal Schnaps.

Bei dieser Kost fällt folgendes auf: 3 mal täglich Kaffee mit Milch, wenig Brot, 1 mal täglich Fleisch. Etwas Wein oder Bier. Mittags immer Suppe.

Versuchsperson III.   D. L., 33 Jahre, Gärtner. Verheiratet, 1 Kind. Körpergewicht 70 kg. Länge 187 cm. — Langer, magerer, gesunder Mann von kräftiger Muskulatur, Raucher. — Arbeitszeit: 6½—12 Uhr und 2—5½ Uhr. Total 9 Stunden. Tageslohn 6,78 frs.

Versuchsdauer: 7 Tage (12. III bis 18. III. 1912). — Beginn der Versuchsperiode jeweils 6 Uhr morgens.

Die einzelnen Mahlzeiten waren:

Frühstück: Milch mit Kaffee, Zucker und Brot. Sonntags Schokolade.

9 Uhr: Tee, Zucker, Brot, 6 mal Käse, 1 mal Wurst; ½ l Wein täglich.

Mittagessen: Suppe, Fleisch, Gemüse, Brot, 6 mal Kartoffel, 1 mal Mehlspeise, 3 mal Wein, 3 mal Kaffee mit Zucker.

Im Laufe des Nachmittags: 2 mal Bier, 1 mal Wein (wurden in den Berechnungen zum Mittagessen addiert).

Nachtessen: Milch mit Kaffee und Brot, 2 mal Käse, 4 mal Fleisch, 3 mal Kartoffeln, 2 mal Wein, 2 mal Bier.

Bei dieser Kost fällt folgendes auf: 2- bis 3 mal täglich Milch mit Kaffee und Brot, dazu 1 mal täglich Tee, Zucker und Brot, täglich 2 mal Wein, dazu oft Bier. 3 mal täglich Fleisch oder Käse. Mittags immer Suppe.

Versuchsperson IV.   H. R., 31 Jahre, Tramführer. Verheiratet, 1 Kind. Körpergewicht 98,5 kg. Länge 175 cm. — Gesund, kräftig, etwas korpulent. Raucht wenig. — Arbeitszeit: 5½—10 Uhr und 2—7 Uhr. Total 9½ Stunden. Tageslohn 6 frs.

Versuchsdauer: 9 Tage (7. I. bis 15. I. 1912). — Beginn der täglichen Versuchszeit: 5 Uhr morgens.

Die einzelnen Mahlzeiten waren:

Frühstück: 6 mal Schnaps (Rum oder Kümmel) mit heißem Wasser („Grog") oder schwarzem Kaffee, 5 mal Kaffee mit Milch, 7 mal Brot.

10 Uhr: 6 mal Brot, 3 mal Schnaps, 2 mal Wein, 2 mal Bier, mal Käse, 1 mal Wurst, 1 mal Suppe.

Mittagessen: Suppe, Fleisch. 6 mal Kartoffeln, 4 mal Mehlspeisen, 3 mal Gemüse; 1 Tasse schwarzen Kaffee. 1 mal Bier, 3 mal Wein.

4 Uhr: 3 mal Bier, 2 mal Rotwein, 1 mal Brot, 1 mal Fleisch.

Nachtessen: täglich Brot, 7 mal Kaffee mit Milch, 1 mal Bier, 1 mal Rum, 1 mal Wein, 6 mal Fleisch, 1 mal Kartoffeln, 1 mal Gemüse, 1 mal Suppe.

Bei dieser Kost fällt folgendes auf: 1—2 mal täglich Kaffee mit Milch, 2—3 mal täglich Brot. 2 mal täglich Fleisch, 2—3 mal täglich Schnaps, Wein oder Bier. Mittags immer Suppe.

Versuchsperson V. F. H., 36 Jahre, Briefträger. Verheiratet, 2 Kinder. Körpergewicht 61 kg, Länge 167 cm. — Gesund, kräftig. Raucht wenig. — Arbeitszeit: total 9 Stunden. Tageslohn 7 Fr.

Versuchsdauer: 7 Tage (25. II. bis 2. III. 1912). — Beginn des Versuchstages jeweils 6 Uhr morgens.

Die einzelnen Mahlzeiten waren:

Frühstück: Milch mit Kaffee und Zucker, Brot, 2 mal Konfitüre.

Mittagessen: Suppe, Fleisch, 5 mal Gemüse, 7 mal Kartoffeln oder Mehlspeisen, 1 mal gekochtes Obst, täglich schwarzer Kaffee mit Zucker und Brot oder Teigware („Schenkeli"), 2 mal Milch.

4 Uhr: 5 mal Kaffee, Milch, Zucker und Brot. 1 mal Butter und Konfitüre.

Nachtessen: 3 mal Kaffee, Milch, Zucker und Brot, 2 mal Haferflockensuppe, 1 mal Suppe und Fleisch vom Mittag und Brot, 2 mal Bier, Wurst und Brot.

Es fällt bei dieser Kost folgendes auf: 3—4 mal täglich Kaffee, Zucker, Brot, dazu meistens reichlich Milch. 1 mal Fleisch. Wenig Bier. Mittags immer Suppe, abends öfters Suppe.

Versuchsperson VI. R. J., 18 Jahre, Bandfärber. Ledig. Körpergewicht 48,5 kg. Länge 155 cm. — Gesund. Raucht nicht. Der junge Arbeiter wohnt und ißt bei seinen Großeltern. — Arbeitszeit: 6½—12 Uhr und 1½—6 Uhr. Total 10 Stunden. Tageslohn 4 Fr.

Versuchsdauer: 9 Tage (8. V. bis 16. V. 1911; der 14. V. wurde für die Untersuchungen nicht berücksichtigt: an diesem Sonntage machte die Versuchsperson eine Fußtour; die Nahrungszufuhr wurde dabei nicht genau gewogen).

Die einzelnen Mahlzeiten waren:

Frühstück: Kaffee mit Milch und Brot; außerdem je einmal Butter. Kartoffeln, Mehlspeise. 1 mal statt Kaffee, Kakao.

9 Uhr: ein Stück Brot.

Mittagessen: Täglich Suppe, Kaffee und Milch, 8 mal Gemüse, 1 mal gekochtes Obst, 6 mal Kartoffeln oder Mehlspeisen, 5 mal Fleisch, 1 mal Omelette, 3 mal Brot.

Nachtessen: Kaffee, Milch und Brot, 5 mal Kartoffel oder Mehlspeise, 4 mal Fleisch, 1 mal Eier.

Es fällt bei dieser Kost folgendes auf: 3 mal täglich (bei jeder Hauptmahlzeit) Kaffee, Milch und Brot. 1 mal täglich Fleisch (mittags oder abends), mittags immer Suppe. Kein Alkohol.

Versuchsperson VII. L. T., 50 Jahre, Färber. Verheiratet, 3 Kinder. Körpergewicht 79 kg. Länge 172 cm. — Gesund, kräftig. Seit 17 Jahren Abstinent. Raucher. — Arbeitszeit: Total 8¾ Stunden. Tageslohn 6 Fr.

Versuchsdauer: 7 Tage (31. III. bis 6. IV. 1912). — Der Versuchstag begann jeweils morgens 6 Uhr.

Die einzelnen Mahlzeiten waren:

Frühstück: Milch mit Kaffee, Zucker und Brot. Sonntags Käse.

9 Uhr: Tee mit Saccharin versüßt (Tee und Saccharin werden um 9 Uhr von der Fabrik gegeben). Brot und Schweizerkäse.

Mittagessen: Suppe, 5 mal Fleisch, 6 mal Kartoffel oder Mehlspeisen, 5 mal Gemüse, 1 mal Ei, 1 mal Obst.

4 Uhr: 4 mal Kaffee oder Tee (2 mal), Milch, Zucker und Brot, 2 mal Tee allein.

Nachtessen: 5 mal Kaffee und Milch mit Zucker, 2 mal Suppe, 2 mal Omelette, 1 mal Fleisch, 1 mal Käse, 5 mal Brot, 1 mal Butter.

Es fällt bei dieser Kost folgendes auf: 2—3 mal täglich Kaffee, Milch, Zucker und Brot, täglich 1 mal Fleisch und 1 mal Käse, nicht selten Eierspeisen. Mittags immer Suppe. — Kein Alkohol.

Versuchsperson VIII. G. J., 31 Jahre, Bureauschreiber. Verheiratet, 2 Kinder. — Körpergewicht 71,5 kg. Länge 173 cm. — Gesund. Raucht wenig. — Arbeitszeit: 8—12 und 2—6 Uhr. Total: 8 Stunden. Tageslohn 7,94 Fr. (2900 Fr. Jahresbesoldung).

Versuchsdauer: 7 Tage (4. III. bis 10. III. 1912). — Der Versuchstag wurde von 7 Uhr früh gerechnet.

Die einzelnen Mahlzeiten waren:

Frühstück: Milch mit Kaffee, Zucker, Brot, Butter, Konfitüre (Sonntag Bier dazu).

Mittagessen: Suppe, Fleisch, Brot (1 mal statt Brot Apfelkuchen), 6 mal Kartoffel oder Mehlspeise, (mal Gemüse, 5 mal Kaffee mit Zucker, 4 mal Bier, 1 mal Obst.

Nachtessen: Suppe wie mittags, Kaffee, Milch und Zucker, Brot, 4 mal Fleisch, 2 mal Eier, 1 mal Konfitüre, 1 mal Kartoffel. 1—2 Stunden nach dem Nachtessen: 2 mal Kefir, 2 mal Bier, 1 mal Rotwein.

Bei dieser Kost fällt folgendes auf: 2—3 mal täglich Milch, Kaffee, Zucker und Brot, 1—2 mal täglich Fleisch, 2 mal täglich Suppe, etwas Bier oder Wein.

Unter den zu den Versuchen benutzten Männern sind verschiedene Berufe vertreten. Zu den relativ schweren Berufen wären zu rechnen: der Gärtner (Nr. III), der Bauschlosser (Nr. I), der Kesselschmied (Nr. II) und der Färber (Nr. VII). Für den Gärtner sei hervorgehoben, daß die Untersuchung im Monat März stattfand, d. h. zu einer Jahreszeit, wo er besonders viel zu arbeiten hatte. Leichte physische Arbeit hatten der Bureauschreiber (Nr. VIII) und der junge Bandfärber (Nr. VI). Mittelschwere Arbeit leisteten wohl der Tramführer (Nr. IV) und der Briefträger (Nr. V).

Zu erwähnen ist noch, daß 5 meiner Versuchspersonen in Basel aufgewachsen sind. Die 3 anderen sind seit mehr als 10 Jahren in Basel. Der Bauschlosser ist Berner, der Kesselschmied stammt aus dem benachbarten Großherzogtum Baden, der Gärtner ist Waadtländer. Alle 3 sind in ihrer Heimat aufgewachsen.

Es wäre von Bedeutung gewesen, die Kost der Arbeiter in anderen Berufen zu untersuchen, z. B. Arbeiter aus den Steingewerben, Schneider, Schuhmacher, Landarbeiter usw. Derartige Untersuchungen sind aber so zeitraubend, daß die Zeit dazu vollständig fehlte. Es ist auch nicht leicht, genügend zuverlässige Arbeiter als Versuchspersonen zu gewinnen.

Das Alter meiner Versuchspersonen schwankt zwischen 18 Jahren und 50 Jahren, beträgt im Mittel 33 Jahre. Das kleinste Körpergewicht (Bruttogewicht, d. h. mit Abzug der Kleidung) ist 48,5 kg, das höchste 98,5 kg, das Mittel 68,9 kg. Die Arbeitszeit betrug 8—10 Stunden pro Tag. Der Lohn schwankte bei den verheirateten Arbeitern zwischen 6—7,90 Fr. täglich. Der unverheiratete junge Färber erhielt 4 Fr. pro Tag.

Die von mir gewählte Methode ist im Prinzip die gleiche wie diejenige, welche von einigen früheren Autoren (z. B. Hültgren und Landergren) angewendet wurde. Die Versuchsperson mußte, ohne ihre Lebens- und Ernährungsweise irgendwie zu verändern, sämtliche einzunehmenden Speisen und Getränke auf einer genauen Briefwage mit einer Tragkraft von 1 kg während der ganzen Beobachtungszeit abwägen. Die Genauigkeit der Messungen läßt sich auf zirka 1 g einschätzen. Der Abfall der Speisen, Knochen, gewisse Häute von Würsten usw. wurde stets abgezogen, so daß meine Zahlen genau die eingenommene Menge darstellen. Von den genossenen Speisen und Getränken mußte mir die Versuchsperson je eine genügend große Probe zur Untersuchung liefern. Die Zusammensetzung der einzelnen Speisen und alkoholischen Getränke konnte direkt ermittelt werden. Nach den üblichen Methoden wurden bestimmt: Trockensubstanz, Eiweiß, Fett, Asche, Alkohol. Der Kohlehydratgehalt wurde durch Subtraktion des Eiweiß-, Fett- und Aschegehaltes von der Trockensubstanz berechnet. Die ausführlichere Untersuchungsmethodik findet sich in den Publikationen Linetzkys und Grajewskys. Der Harn einer jeden Versuchsperson wurde in 24 stündigen Portionen sorgfältig gesammelt; in denselben wurde der Stickstoff nach Kjeldahl bestimmt. Die Untersuchung des Harnes dient als Kontrolle, ob der betreffende Arbeiter mit der von ihm gewählten Kost genügend Nahrung bzw. Eiweiß bekommt.

Das Körpergewicht der Versuchspersonen wurde am Anfang und Ende der Versuchsperioden bestimmt; dasselbe blieb in allen Fällen genügend konstant: der Unterschied betrug stets weniger als 500 g. In allen Versuchen bestand also Körpergleichgewicht.

Für die Bearbeitung und Berechnung des Analysenmaterials habe ich folgende Zahlen angenommen. Der Eiweißgehalt wird durch Multiplikation der Stickstoffzahl mit 6,25 erhalten. Es ist bekannt, daß dieser Faktor nicht immer der Tatsache entspricht. Für Milch, Käse usw. zu niedrig, ist er für das Pflanzeneiweiß zu hoch. Da wir aber bis jetzt keine sicheren Faktoren für die verschiedenen Nahrungsmittel besitzen, habe ich vorgezogen, die allgemein bisher übliche Zahl beizubehalten. Durch Berechnung mit anderen Faktoren werden meine Schlußzahlen nur unwesentlich beeinflußt. Für die Berechnung des Kaloriengehaltes habe ich die von Rubner angegebenen Zahlen verwertet, nämlich:

$$\text{für } 1 \text{ g Eiweiß} = 4{,}1 \text{ Kal.,} \qquad 1 \text{ g Fett} = 9{,}3 \text{ Kal.}$$
$$\text{„ } 1 \text{ g Kohlehydrate} = 4{,}1 \text{ Kal.,} \quad 1 \text{ g Alkohol} = 7 \text{ Kal.}$$

Die Berechnungen wurden mit Hilfe einer Rechnungsmaschine ausgeführt. In den Tabellen habe ich verzichtet, mehr als eine bzw. zwei Dezimalen anzugeben. Weitere Dezimalen sind vollkommen überflüssig.

III. Der Verbrauch an Nahrungsmitteln in der Arbeiterkost.

In Tabelle 1 habe ich die Menge der einzelnen Nahrungsmittel zusammengestellt, welche die Versuchspersonen im Mittel pro Tag verzehrt haben.

Einer der wichtigsten Bestandteile der Nahrung, sowohl wegen der großen Ausgaben, die er beansprucht, als auch wegen seines bestrittenen Wertes ist das Fleisch. Es muß hier im voraus bemerkt werden, daß die in der Tabelle mitgeteilten Zahlen nicht dem rohen Fleisch, sondern der tischfertigen Speise entsprechen. Diese Zahlen sind also nicht ohne weiteres mit denjenigen anderer Autoren vergleichbar, welche die Nahrung roh oder ohne Abzug der Abfallstoffe ermittelten. Wie im folgenden Kapitel gezeigt wird, sind manchmal zwischen den rohen und den zubereiteten Substanzen gewaltige Differenzen in ihrem Eiweiß-, Fett- und Kohlehydratgehalt vorhanden.

Der Fleischkonsum weist bei meinen Versuchspersonen große Differenzen auf. Die größte Menge wird vom Bauschlosser genossen: 292 g pro die. Dieser Arbeiter und der Gärtner haben unter meinen Versuchspersonen zweifellos die strengste Arbeit auszuführen. Sie sind auch die einzigen, welche 3 mal täglich Fleisch oder Käse zu sich nehmen. Der Färber Nr. VII (ebenfalls strenge Arbeit) und der Tramführer erhalten mit ihrer Kost 2 mal täglich Fleisch. Die anderen Personen erhalten das Fleisch meistens nur 1 mal täglich. Trotz der geringen Muskelarbeit ist der Fleischkonsum des Bureauschreibers auffallend groß. Man wird später sehen, daß derselbe dennoch relativ wenig Eiweiß erhält. Dies beruht zum Teil auf der besonderen Auswahl des genossenen Fleisches (Würste, Eingeweide). Am wenigsten Fleisch genießt der Briefträger. In Basel wird von den Arbeitern vor-

Tabelle 1.

Verbrauch an Nahrungsmitteln.
Mittel pro Tag in Gramm.

Tischfertige Speisen	I Bauschlosser	II Kesselschmied	III Gärtner	IV Tramführer	V Briefträger	VI Bandfärber	VII Färber	VIII Bureauschreiber	Gesamtmittel pro Tag
1. Rindfleisch	33,3	62,9	25,0	60,6	27,1	69,4	131,4	—	51,2
2. Schweinefleisch . .	45,5	20,0	27,1	43,3	40,0	44,5	—	33,0	31,7
3. Kalbfleisch	91,0	—	7,1	65,0	18,6	—	—	27,9	26,2
4. Wurst.	81,1	38,6	60,0	63,3	20,0	31,8	20,0	107,0	52,7
5. Leber, Kutteln, Euter	41,0	—	71,4	—	—	—	—	91,4	25,5
6. Fleisch, total . .	291,9	121,5	190,6	232,2	105,7	145,7	151,4	259,3	187,3
7. Fisch	—	40,0	—	17,8	—	—	—	—	7,2
8. Kartoffeln	257,8	277,1	210,7	186,7	61,4	105,5	223,3	50,0	171,6
9. Gemüse	202,2	214,3	83,0	63,3	43,0	125,0	144,3	66,0	117,6
10. Mehlspeisen	101,1	324,3	67,1	302,2	50,0	151,1	127,0	138,0	157,6
11. Total von 8, 9, 10.	561,1	815,7	360,8	552,2	154,4	381,6	494,6	254,0	446,8
12. Eier u. Eierspeisen .	16,6	—	—	—	—	31,6	53,0	42,1	17,9
13. Butter	—	1,4	—	—	5,7	3,3	2,9	15,7	3,6
14. Käse	37,2	10,0	51,4	16,7	—	13,9	50,0	—	22,4
15. Obst	25,5	77,1	—	—	21,4	14,4	15,7	10,0	20,5
16. Schokolade (trocken)	—	10,0	8,6	—	—	11,1	—	—	3,7
17. Konfitüre (Eingemachtes)	—	—	—	—	14,3	—	—	87,1	12,7
18. Zucker	29,0	48,6	43,6	6,6	60,7	12,2	43,6	35,0	34,9
19. Brot	217,2	225,7	527,1	292,8	388,6	385,5	435,7	206,0	334,8
20. Suppe	518,0	401,4	313,0	627,8	411,4	330,0	623,0	554,4	472,4
21. Milch	490,0	490,0	467,1	126,7	651,5	327,8	905,0	615,7	509,2
22. Kaffee	872,0	1089,0	415,7	586,2	504,3	644,4	465,7	423,6	625,1
23. Tee	44,4	80,0	429,0	55,0	—	—	730,0	—	167,4
24. Kefir	—	—	—	—	—	—	—	45,0	5,6
25. Wein	77,8	114,0	743,0	390,0	14,3	—	—	43,0	172,5
26. Bier	644,4	371,4	629,0	777,8	357,1	—	—	543,0	415,3
27. Schnaps	—	4,3	—	37,8	—	—	—	—	5,3

wiegend Wurst und Rindfleisch gebraucht. Schaffleisch wurde nie verwendet.

Das Mittel des Fleischgenusses pro Tag und Arbeiter beträgt 187,3 g. Nach Voits Erhebungen soll ein erwachsener Mann pro Tag 191 g Fleisch rein (230 g Fleisch Rohgewicht, davon 18 g Knochen und 21 g Fett) erhalten. Bei Versuchen an 3 gut bezahlten Mechanikern in München fand Voit in der Nahrung derselben einen täglichen Fleischverbrauch von im Mittel 313 g. Munk und Uffelmann (Tabelle II) verlangen in der normalen Kost eines Erwachsenen rund 180 g Fleisch pro die. Nach statistischen Berechnungen Rubners findet man im Deutschen Reiche einen Konsum von 183 g Fleisch pro Tag für einen Erwachsenen von 70 kg. Es mag vielleicht auffallen, daß meine Mittelzahl für den Fleischverbrauch in Basel, 187,3 g, mit der von Voit aufgestellten Zahl und der Rubnerschen Berechnung übereinstimmt. Man muß allerdings bemerken, daß diese verschiedenen Zahlen untereinander nicht ohne weiteres vergleichbar sind. Die Zahlen von Voit und Rubner beziehen sich auf rohes reines Fleisch, die meinigen auf gekochte Fleischspeisen. Der Fleischgenuß des Basler Arbeiters ist bedeutend höher als derjenige des Schweden. Die Differenz wird aber durch Fischzufuhr bei dem letzteren wieder ausgeglichen. Nach Gautier genießt der Einwohner von Paris pro Tag 183 g Fleisch (Reingewicht). — Die Berechnungen Gautiers geschahen mittels der Zollregister als Grundlage; sie dürften also nicht ganz einwandfrei sein. Noch vorsichtiger sind m. E. diejenigen Zahlen verwertbar, welche auf statistischen Erhebungen in Arbeitermenagen (durch Haushaltungsbücher u. ä.) beruhen. Lichtenfeldt, der vor 3 Jahren eine derartige Statistik veröffentlichte, gelangt zu folgenden Resultaten. Es verzehrt ein Mann an Fleisch und Wurst in

Schlesien	Brandenburg	Schleswig	Hannover	Rheinprovinz	Königreich Sachsen
319 g	464 g	367 g	241 g	277 g	198 g

Im Jahre 1911 sind von Krömmelbein interessante Mitteilungen über den Massenverbrauch auf Grund baslerischer Wirtschaftsrechnungen gemacht worden. Zur Berechnung des Bedarfes eines Mannes wählte Krömmelbein die Engelsche Methode nach Quet. Nach Engel entspricht der Bedarf eines Mannes 3,5 Quet, derjenige der Frau 3 Quet, eines neugeborenen Kindes 1, eines 2 jährigen 1,2, 3 jährigen 1,3 Quet usw. Diese Berechnung, welche auch der oben erwähnten Arbeit Lichtenfeldts zugrunde liegt, ist sehr approximativ und läßt sich leicht kritisieren. Rubner wendete schon dagegen ein, daß der Neugeborene rund 300 Kalorien, der Erwachsene nicht 3,5 mal mehr, sondern 3000 Kal., d. h. etwa 10 mal soviel verbraucht. Dieser Einwand Rubners ist aber nicht so vernichtend für diese Berechnungsmethode, wie es den Anschein hat. Die Anhänger der Engelschen Methode wollen damit kein physiologisches Gesetz aufstellen, sondern nur eine praktische, mathematische Formel angeben, nach welcher aus dem Massenverbrauch der Bedarf des Erwachsenen leicht und relativ sicher erhältlich ist. Es steht ihnen fern, damit den Verbrauch des Neugeborenen oder eines 2 jährigen Kindes berechnen zu wollen. Ein Vergleich der Angaben Krömmelbeins mit meinen Resultaten spricht, was den Fleischkonsum anbelangt, allerdings nicht zugunsten seiner Zahlen. Dieser Autor erhält bei seinen Budgetangaben einen Fleischkonsum pro Jahr und Quet von 9,12—11,63 kg. Der daraus berechnete Verbrauch für einen Mann pro Tag beträgt 87,4—111,5 g Fleisch, d. h. zirka die Hälfte derjenigen Menge, welche ich bei direkter Wägung erhielt. Der Unterschied ist um so auffallender, als in meiner Zahl die Abfallstoffe abgezogen sind, während sie in den Budgetsrechnungen Krömmelbeins in Betracht kommen. Dieses Ergebnis spricht gegen die Richtigkeit der Krömmelbeinschen Berechnung und legt deutlich dar, wie vorsichtig derartige Erhebungen verwertet werden müssen.

Es ist in der Tat nicht anzunehmen, daß in den 4 Arbeiterfamilien Krömmelbeins (das Familienhaupt war: 1 polygraphischer Arbeiter, 1 Mechaniker, 1 Staatsbeamter, 1 Fuhrmann) das Fleisch vom Familienvater selbst so viel weniger genossen wird als von meinen wirtschaftlich und sozial gleichstehenden Versuchspersonen. Volkswirtschaftlich haben selbstverständlich statistische Erhebungen über Massenverbrauch usw. großen Wert. Physiologische Gesetze für die Ernährung lassen sich darauf nicht aufbauen.

Auffallend gering ist der Genuß an Fisch unter den Arbeitern Basels. Nur 2 meiner Versuchspersonen haben Fisch gegessen. Dies ist um so merkwürdiger, als die Stadt Basel relativ günstig mit Fischen versorgt ist. Gegenüber den 116 g Fisch, die der Schwede täglich verzehrt, sind die 7,2 g des Baslers verschwindend klein. Auch die Pariser Bevölkerung verbraucht mehr Fische, nämlich 33,4 g pro Tag und Mann. Nach Lichtenfeldt soll der Fisch in Deutschland öfters Verwendung finden. In Bayern (Chemische Industrie) werden z. B. 68 g Hering und 2 g andere Fische täglich pro Mann genossen. In anderen Gegenden, z. B. in Württemberg, sinkt allerdings, nach Lichtenfeldts Berechnungen, der Fisch- und Heringsverbrauch auf 1 g pro Tag.

Kartoffeln in ihren verschiedensten Zubereitungsarten werden in sehr wechselnder Menge gebraucht: Min. 50 g, Max. 277 g. Das Mittel pro Tag ist verhältnismäßig gering: 171,6 g. In der Statistik Lichtenfeldts schwanken die Zahlen für den Kartoffelverbrauch zwischen 700—1500 g (!), in Paris beträgt er rund 100 g, in Schweden 422 g.

Gemüse sind im Gesamtdurchschnitt mit 117,6 g, Mehlspeisen mit 157,6 g vertreten. Von den einzelnen Personen werden sie recht verschieden geschätzt. Am meisten Mehlspeisen und Gemüse nimmt der Kesselschmied ein, im ganzen rund 550 g pro Tag. Der Briefträger verzehrt dagegen nur 93 g von diesen beiden Nahrungsmitteln täglich. Der Bauschlosser verbraucht 202 g Gemüse und 101 g Mehlspeisen, der Tramführer dagegen 63 g Gemüse und 302 g Mehlspeisen. Hier hat offenbar der individuelle Geschmack großen Spielraum. Für den Pariser ist der Verbrauch an Gemüse 250 g täglich. In schwedischen Arbeiterkreisen kommen die Gemüse gar nicht in Betracht.

Die Summe von Kartoffeln, Gemüse und Mehlspeisen schwankt für meine Versuchspersonen zwischen 155 g und 816 g, im Durchschnitt 446,8 g.

Verhältnismäßig wenig werden in Basel Eier verbraucht, obwohl die Eier in bezug auf ihren Nährwert keine teuren Speisen darstellen. Daß die Butter für den Arbeiter eine untergeordnete Rolle für die Ernährung spielt, ist aus dem hohen Preise derselben ohne weiteres verständlich. Zum Kochen der Speisen wird fast ausschließlich Schmalz oder Pflanzenfett gewählt. Der Gesamtdurchschnitt von 3,6 g Butter pro Tag ist sehr minimal. Der Schwede gebraucht täglich 32,5 g Butter.

Der Käseverbrauch (die Menge Käse, welche mit den Mehlspeisen zusammen genossen wird, ist nicht berechnet) beträgt nach meinen Untersuchungen 22,4 g pro Tag und Individuum. Diese Zahl wird in der Arbeiterkost anderer Länder selten übertroffen. In Deutschland, Schweden und Paris ist der Käseverbrauch durchwegs niedriger. Fünf meiner Versuchspersonen essen Käse als solchen, sämtliche verwenden Käsezusatz in gewissen Mehlspeisen (Makkaroni, Reis usw.).

Das Obst wurde von den Basler Arbeitern in Form von Apfelmus, gedörrten Zwetschen und Äpfeln, einmal als Feigen genossen. Die Durchschnittszahl ist an sich recht klein: 20,5 g. Dies mag zum Teil mit der Jahreszeit zusammenhängen, in welcher die Untersuchungen gemacht wurden (Winter und Frühjahr). Indes verwertet der Arbeiter das Obst fast nirgends in größerer Quantität.

Ziemlich auffallend ist der Zuckerkonsum, namentlich wenn man berücksichtigt, daß das „Eingemachte" (Konfitüre) etwa zur Hälfte aus Zucker besteht. Sämtliche Arbeiter verzehren Zucker. Die geringste Menge, 6,6 g, wird beim Tramführer, d. h. bei demjenigen, der am meisten alkoholische Getränke einnimmt, gefunden. Die höchsten Mengen, 60,7 g $+$ 14,3 g Eingemachtes (Briefträger) und 35 g $+$ 87,1 g Eingemachtes (Bureauschreiber), werden von denjenigen Personen genommen, welche am wenigsten Kartoffeln und Gemüse genießen. Der relativ große Verbrauch an Zucker in der Basler Bevölkerung hängt wohl zum Teil mit dem sehr reichlichen Genuß an Kaffee zusammen.

Der Brotkonsum ist in Basel gering. 335 g pro Tag ist unter dem Durchschnitt des Brotgenusses in den Nachbarländern. In Basel wird das Brot fast ausschließlich als Weißbrot oder „Halbweißbrot" genossen. Schwarzbrot wird merkwürdigerweise vom Arbeiter kaum gebraucht. Einen Gegensatz zwischen Kartoffel und Brot, wie Lichtenfeldt aus seinen Zahlen ihn herauslesen will, kann ich nicht finden.

Ein Hauptcharakteristikum der Kost in Basel stellen die Suppen dar. Rund $\frac{1}{2}$ l Suppe wird täglich verzehrt. Suppe, Fleisch, Brot, Kaffee und Milch ist hier und da das ganze Menu des Mittagessens. Bisweilen besteht das Abendessen ausschließlich aus Suppe, Brot, Kaffee, Milch und Zucker. An gewissen Tagen werden bis 1100 g Suppe genossen. Bei keinem Mittagessen fehlt die Suppe. Abends wird sie in ca. $\frac{1}{5}$ der Versuchstage gebraucht.

Diese Suppen sind oft sehr wasserreich. Es handelt sich um Suppen mit Nudeln oder anderen Teigwaren, mit Kräutereinlagen, Fleischsuppen, Maggisuppen usw. Das Kochwasser der Gemüse oder Mehlspeisen wird öfters als Suppe verabreicht. Leider fehlt es in den meisten Untersuchungen an Angaben über den Genuß von Suppen.

Noch häufiger als Suppe wird Milch mit Kaffee zusammen genommen. Diese Mischung kommt bei fast allen unseren Arbeitern 2—3 mal, hier und da 4 mal täglich auf den Tisch. Schwarzer Kaffee wird selten gebraucht. Der sogenannte Kaffee wird aus Zichorie mit mehr oder weniger Kaffeebohnen hergestellt. Das Verhältnis Kaffee zu Milch in der Mischung ist sehr schwankend. Der Kesselschmied gebraucht mehr als 1 l schwarzen Kaffee täglich; er versetzt ihn mit ca. $\frac{1}{2}$ l Milch. Das umgekehrte Verhältnis wählt der abstinente Färber

(Nr. VII): 900 Milch zu 465 g Kaffee. Dieser Arbeiter weist den höchsten Milchkonsum auf. Das Minimum an Milch gebraucht der Tramführer: 127 g. Der Genuß der geistigen Getränke scheint den Milchkonsum einzuschränken. Im allgemeinen ist der Milchkonsum in Basel, wenn man berücksichtigt, daß es sich um eine Industrie- und Handelsstadt handelt, recht erheblich. Er ist bedeutend größer als der Milchverbrauch in Deutschland. Unsere Arbeiter nehmen nur die teure Vollmilch. Magermilch wird hier nicht geschätzt. Beziehungen zwischen Fleisch- und Milchverbrauch scheinen nicht zu bestehen. Diejenigen Arbeiter (V und VIII), welche am wenigsten Kartoffeln, Mehlspeisen und Gemüse verbrauchen, sind auch mit dem abstinenten Färber (VII) diejenigen, welche den größten Milchkonsum aufweisen.

Tee wird nur von 2 Arbeitern in reichlicherer Menge und täglich genossen. Der Teegenuß wird bei Nr. VII dadurch veranlaßt, daß dieser Arbeiter morgens 9 Uhr Tee in der Fabrik gratis erhält. Der Gärtner trinkt an den Arbeitstagen morgens 9 Uhr rund ½ l Tee, ½ l Wein, dazu meistens Brot, Käse oder Wurst.

Schokolade wird von 3 Arbeitern als Sonntagsgetränk zum Frühstück genossen. Kefir wird nur vom Bureauschreiber abends hier und da getrunken. Dieses Getränk entspricht hier nur einem individuellen Geschmack und hat für die weiteren Betrachtungen keine Bedeutung.

Die alkoholischen Getränke werden sehr verschieden verwertet. Verhältnismäßig reichlich werden Wein, Bier und Schnaps von dem Tramführer genossen. Dieser Mann, welcher in keiner Weise den Eindruck eines Trinkers macht, und welcher als sehr guter Arbeiter gilt, pflegt öfters morgens früh oder um 10 Uhr einen sog. „Grog" zu nehmen: d. h. Rum oder Kognak mit Wasser. Das Verhältnis Bier zu Wein hängt vom individuellen Geschmack ab. Der Gärtner, der in der französischen Schweiz (Waadt) aufgewachsen ist, hat die dortigen Landesgewohnheiten beibehalten. Er ist der einzige, bei welchem die Quantität des getrunkenen Weines (Weißwein) diejenige des Bieres überragt. Im ganzen hält sich der Genuß an alkoholischen Getränken bei meinen Versuchspersonen in bescheidenen Grenzen.

Welche Gründe bewegen denn die Arbeiter, so reichlich Suppen und Kaffee zu nehmen? Die Suppen stellen an sich eine scheinbar recht unzweckmäßige, unökonomische Nahrungsform dar. Der Wassergehalt ist sehr hoch, im Durchschnitt 92%. Eine große Wassermenge wird hier erwärmt, während sie kalt billiger getrunken werden könnte. Kaltes Wasser schmeckt aber beim Tisch dem Arbeiter nicht, was für die mehr wohlhabende Bevölkerung nicht so ohne weiteres gesagt werden dürfte. Die Suppen müssen in dieser hier getroffenen Kostform einem gewissen physiologischen Bedürfnis entsprechen. Die Deutung desselben ist allerdings nicht leicht. Diese Arbeiterkost ist eher arm an Genüssen für Geschmack und Geruch. Die Suppen helfen die Kost schmackhafter zu gestalten. Wichtiger dürfte der Umstand sein, daß warmes Wasser gewisse Prozesse im Verdauungskanal zu beeinflussen scheint. Schüle hat nachgewiesen, daß warmes Wasser den Magen schneller verläßt als kaltes. Von Wasser von 0° C fließen z. B. in 5 Min. 55 ccm aus, von Wasser von 45° C fließen in der gleichen Zeit 230 ccm aus. Andrerseits hat Gröbbels vor kurzem Untersuchungen an Hunden veröffentlicht, welche einen bedeutenden Einfluß des Wassers auf die Magenmotilität beweisen sollen. Gibt man z. B. einem Fistelhunde erst trockenes Brot und 5 Min. später Wasser, so dauert die Verdauung kürzer als die von Brot allein. Die längste Zeit beanspruchen Brot und Wasser gemischt gegeben. (Die Temperatur des dargereichten Wassers wird nicht angegeben.) Im Kapitel IV wird gezeigt, daß die Kost meiner Versuchspersonen relativ fettreich und kohlehydratarm ist. Die Kohlehydrate vermögen aber durch ihr größeres Volumen das Sättigungsgefühl leichter zu befriedigen als Fette. Es erscheint mir nicht unwahrscheinlich, daß in der Darreichung von Suppen ein angenehmes Mittel vorhanden ist, welches bei einer an sich sparsamen Kost das Sättigungsgefühl zu befriedigen hilft. Die nicht geringe Bedeutung der Suppen in der Ernährung erscheint mir jedenfalls noch nicht abgeklärt.

Ähnlich steht es mit dem Kaffee. Schokolade wird, wie bereits gesagt, von 3 Arbeitern als Sonntagsgetränk genommen. Die Schokoladetafeln werden von zwei derselben mit Wasser und Milch verrührt. Der Kesselschmied bereitet sich dagegen die sehr eigentümliche Mischung von Schokolade mit Kaffee und wenig Milch. Der Kaffeezichorienabsud scheint einem Bedürfnisse des Organismus zu entsprechen. Dieser Kaffee besitzt nicht eine exzitierende, aufregende oder steigernde Wirkung auf den Stoffwechsel[1]). Bei der sparsamen Kost wäre es nicht rationell. Er übt aber möglicherweise einen den Stoffwechsel herabsetzenden Einfluß aus. In der Literatur finden sich alte Versuche von Lehmann, nach welchen die Harnstoffausscheidung durch Kaffee herabgesetzt wird. Der Kaffeegenuß würde demnach dazu beitragen, den Eiweißverbrauch sparsamer zu gestalten. Es mag weiter erwähnt werden, daß gewisse Versuchspersonen Chittendens bei stickstoffarmer Kost das Verlangen nach sehr reichlichem Kaffeegenuß empfanden. Nach Schieles Versuchen soll der Kaffee die Dauer der Magenverdauung verlängern, somit auch das angenehme Gefühl der Sättigung. Endlich wirkt der Kaffee auch als Genuß- und Geschmacksmittel. Auch bei der ärmsten Kost sind Genuß- und Geschmacksmittel notwendig. Ein beliebtes Geschmacksmittel scheint eben der Kaffee zu sein.

Verglichen mit der Arbeiterkost anderer Länder ist die Basler Kost, wie aus den bisherigen Betrachtungen und der Tabelle 2 hervorgeht, keine arme Kost.

Das Charakteristikum der Nahrung der ärmsten Bevölkerung scheint der sehr hohe Verbrauch an Kartoffeln und Brot zu sein. Der

---

[1]) Was mit der stimulierenden Wirkung des Kaffees auf das Nervensystem nicht in Widerspruch steht.

Tabelle 2.

Der Verbrauch an Nahrungsmitteln in einzelnen Ländern.

	Deutschland (Munk-Uffelmann)	Paris (Gautier)	Schweden (Hultgren-Landergren)	Basel	Italien Bauer der Abruzzen (Albertóni)
Fleisch	210	183	126	177	nur Maismehl,
Fisch		33	116	7,3	Gemüse, Öl,
Eier		24	wenig	21	sehr selten
Käse	20	8	wenig	23	etwas Fleisch
Butter, Öl		28	32,5	3,3	oder Milch
Gemüse		290		134	oder Eier
Kartoffeln, Reis, Mehlspeisen . . .	400	100	422	224	
Obst		70		32,5	
Zucker		40		32	
Brot	750	420	743	328	
Milch	200	213	970	543	
Wein, Bier	532	532	665 (nur Bier)	552	
Schnaps		9,5		4,8	

Verbrauch an diesen beiden Nahrungsmitteln ist in Basel durchweg
niedriger als in den Nachbarländern. Der Milchkonsum ist in Basel
ein sehr günstiger. Wenn wir die Speisezettel der Basler Arbeiter
mit denjenigen der Arbeiter anderer Länder vergleichen, so fällt die
verhältnismäßig große Auswahl an Gerichten in der Basler Kost auf.
Eine der besten Untersuchungen über die Arbeiterkost ist diejenige
Hultgrens und Landergrens in Schweden. Dort kennt der Arbeiter
die enorme Auswahl von Suppen, welche in der Schweiz und Süd-
deutschland einheimisch sind, gar nicht, Fleischsuppe und Hafer-
suppe scheinen ihm allein bekannt. Ich habe dagegen nicht weniger
als 29 Suppen mit verschiedenem Inhalte erhalten (Bouillon, Hafer,
Erbsen, Reis, Kartoffel, Sago, Tapioka usw.). Gemüse sind in Schweden
in Arbeiterkreisen fast gänzlich unbekannt. In meinem Material finde
ich 14 verschiedene Gemüsearten (Kohlarten, Krautarten, Bohnen,
Erbsen, Rüben, Salate, Kastaniengemüse, Spinat). Dazu kommen
zahlreiche Mehlspeisen. Die Auswahl an Fleischsorten wird durch die
zahlreich gebrauchten Wurstwaren bedeutend erhöht. Die Kost des
Basler Arbeiters ist wohl diejenige von den wenigen bisher untersuchten
Arbeiterkostformen, welche die größte Auswahl an tischfertigen Speisen
besitzt. Die Arbeiter waren alle mit ihrer Nahrung zufrieden. Letztere
genügte zur Bestreitung der Ausgaben des Organismus. Ein Defizit
an einer notwendigen Nahrungssubstanz oder an Kalorien ist aus-
geschlossen. Da weiter die Versuchspersonen keine Luxusausgaben
sich gestatten konnten, kann man sagen, daß ihre Kost der hiesigen
normalen Arbeiternahrung entspricht. Dieses Ergebnis ist von Wich-
tigkeit. Man kann daraus mit Sicherheit schließen, daß die Durch-
schnittszahlen für die chemische und kalorische Zusammensetzung

dieser Kost der Normalkost des Menschen entsprechen müssen. Die Resultate, welche in den nächsten Kapiteln erhalten werden, gewinnen dadurch an Bedeutung.

IV. Die Zusammensetzung der genossenen tischfertigen Speisen.

Genaue Untersuchungen über die frei gewählte Kost des Menschen sind dadurch sehr zeitraubend, daß sie direkte Bestimmungen der genossenen Speisen erfordern. Diesem Postulate ist bisher nur in einer sehr geringen Anzahl von Publikationen entsprochen worden. Folgende Autoren haben diese Forderung mehr oder weniger erfüllt: Voit, Forster, Pflüger, Hultgren und Landergren, Albertoni und Rossi, Slosse, Atwater.

Die Nahrung des Basler Arbeiters wird durch die enorme Abwechslung an Suppen, Gemüsen, Fleischsorten sehr kompliziert. Es sind nun sämtliche Suppen, Gemüse, Mehlspeisen, Salate, Fleischsorten untersucht worden. Für das Brot, die Kartoffeln, die Milch, den Kaffee, Tee, Bier und Wein haben wir dagegen nur eine beschränkte Zahl von Analysen ausgeführt. Die gemachten Analysen ergaben stets so genau übereinstimmende Werte, daß wir auf eine größere Anzahl von Brot-, Milch- usw. -Analysen ruhig verzichten konnten. Das Analysenmaterial findet sich fast vollständig in den schon erwähnten Arbeiten Linetzkys und Grajewskys. In diesem Kapitel möchte ich nur die Hauptergebnisse dieser Bestimmungen mitteilen. Für die Einzelheiten sei auf die genannten Publikationen verwiesen.

Die wichtigsten Resultate habe ich in der Tabelle 3 zusammengestellt. Diese Tabelle ist in drei Abschnitte geteilt. Im ersten Teil sind die Durchschnittswerte der meisten untersuchten Fleischspeisen angegeben. Für die Suppen und vegetabilischen Speisen (Abschnitte II und III) habe ich vorgezogen, eine Anzahl Analysen ohne Mittelwerte anzugeben, damit der Leser über die sehr großen Schwankungen in der Zusammensetzung der verschiedenen tischfertigen Speisen sich selbst ein Urteil bilden kann.

Zuerst sei erwähnt, daß unsere Milchanalysen mit denjenigen übereinstimmen, welche in der Literatur für gute Milch angegeben werden. Das Brot (Mittel aus Weißbrot und „Halbweißbrot"analysen: die Analysen weichen wenig voneinander ab) entspricht ebenfalls den üblichen Angaben. Kaffee und Tee enthalten ca. 2% Trockensubstanz. Ich habe angenommen, daß der Tee keinen Nährwert, der Kaffee nur einen minimalen besitzt. Den sehr kleinen N-Gehalt des Tee- und Kaffeeinfuses habe ich nicht als Eiweiß angesehen. Beim Bier erhielt ich einen Alkoholgehalt von 4%, eine Zahl, welche mit den Angaben von Völtz Förster und Baudrexel übereinstimmt. Für die kohlehydratreichen Extraktivstoffe des Bieres habe ich die Zahl von Völtz und Mitarbeiter

Tabelle 3.

	Trocken-substanz g	Eiweiß g	Fett g	Kohle-hydrate g	Kalorien	Asche g
I. Speisen animalischer Herkunft.						
Rindfleisch, gekocht . . .	43,4	28,5	11,7	2,4	235,4	0,8
„ gebraten. . .	29,7	14,6	11,4	2,6	176,4	1,0
Kalbfleisch	29,1	21,0	5,6	1,7	145,0	0,8
Schweinefleisch	43,9	21,9	18,9	1,5	271,7	1,5
Speck	63,4	18,5	42,3	1,7	476,2	0,9
Leberwurst	40,7	13,8	21,0	4,7	271,7	1,1
Salami	77,4	19,5	42,2	10,7	516,4	5,0
Landjäger	61,7	24,3	30,0	5,3	400,6	2,0
Wienerli	37,5	13,9	22,0	0,6	264,0	1,0
Klöpferwurst	39,6	12,9	23,5	4,0	280,3	1,1
Lunge	18,0	12,0	2,1	2,8	80,3	1,1
Kutteln	21,8	7,8	11,9	1,1	148,3	0,8
Eier	26,3	12,5	12,1	—	164,1	1,1
Milch	12,7	3,4	3,6	4,9	67,8	0,7
Butter	88,5	0,8	83,5	1,1	795,0	0,2
Schweizer Käse	64,0	32,4	26,2	0,7	379,7	4,6
Münsterkäse	60,6	26,2	27,8	2,4	376,3	4,1
Fisch	26,4	15,6	6,4	3,3	137,0	1,1
II. Suppen.						
Fleischsuppe	4,6	1,1	0,6	2,5	20,9	0,3
Knöpfliwassersuppe . . .	5,1	0,4	0,4	3,2	18,8	0,6
Sagosuppe	4,8	0,5	0,1	3,6	18,1	0,54
Haferflockensuppe	4,5	0,7	0,2	3,4	18,7	0,65
Haferflockensuppe	8,4	1,5	2,5	3,7	44,8	0,25
Geröstete Mehlsuppe . . .	14,6	2,9	2,9	6,6	66,1	2,09
Bouillon mit Buchstaben .	9,2	1,4	0,1	6,7	34,7	0,92
Kartoffelsuppe	14,0	1,0	2,1	10,2	66,1	0,56
Erbsenmaggisuppe	6,8	1,4	0,6	3,7	27,6	0,96
Erbsensuppe	19,4	5,0	0,5	12,9	78,4	1,01
III. Speisen vegetabilischer Herkunft.						
Brot	67,0	8,1	0,5	57,4	273,5	
Kartoffeln	26,0	1,8	4,4	19,6	128,5	0,9
Omelette	50,5	7,4	20,1	21,7	306,7	1,27
Nudeln	22,4	4,0	2,6	11,9	101,8	0,9
Reis	19,3	1,9	2,7	14,4	92,6	0,3
Weiße Bohnen	36,6	7,8	7,2	20,1	184,5	1,5
Grüne Bohnen	34,3	6,9	4,1	22,1	160,8	1,24
Sauerkraut	14,9	1,2	5,6	6,2	83,0	1,93
Rosenkohl	7,1	2,1	1,5	2,8	35,0	0,71
Blumenkohl	11,4	1,9	3,9	5,0	64,8	0,61
Erbsen	29,2	18,7	0,9	8,7	120,8	0,88
Gelbe Rüben	11,5	1,0	1,5	7,7	49,6	1,31
Spinat	11,0	1,8	2,8	4,6	52,8	1,69
Feigen	45,5	3,2	3,0	37,9	191,8	1,3
Schokolade	98,1	7,4	25,8	63,7	533,3	1,2
Kaffee	2,0	0,17N nicht als Eiweiß berechnet	0,2	0,4	1,6	1,2

angenommen: 5,6%; dieselben wurden zu den Kohlehydraten hinzugezählt. Beim Kefir beruhen nur die Eiweiß- und Aschezahl auf eigenen Analysen; die anderen Werte sind den bekannten König'schen Tabellen entnommen. Bei den Weinen und Schnäpsen wurde nur der Alkoholgehalt bestimmt. Der Rotwein unserer Arbeiter enthält verhältnismäßig viel Alkohol (10%). Dagegen ist der Alkoholgehalt bei den „Schnäpsen" oft bedeutend kleiner, als z. B. das Analysenmaterial Königs angibt. Diese Schnäpse werden meistens von Verwandten der Arbeiter gemacht und den Versuchspersonen geschenkt.

Der Alkoholgehalt betrug bei:

Kirsch	Rum	Kognak	Kümmelschnaps	Druse	Anisschnaps	Magenbitter
41%	45%	40%	24%	35%	30%	42%

Die Trockensubstanz schwankte zwischen 0,5—2%. Für die Kalorienberechnung wurde nur der Alkohol berücksichtigt.

Interessant, manchmal überraschend, sind die Resultate, welche die Analysen der meisten anderen Nahrungsmittel bzw. tischfertigen Speisen ergaben. Auffallend große Schwankungen findet man in der Zusammensetzung der Rindfleischspeisen. Der Gehalt an Trockensubstanz schwankt z. B. bei gebratenem Rindfleisch zwischen 15,7% und 41,7%, beim gekochten Rindfleisch zwischen 27% und 62,5%. Gekochtes Rindfleisch ist im Durchschnitt eiweißreicher und kalorienreicher als gebratenes Rindfleisch. Bei Kalbfleisch- und Schweinefleischpräparaten ist die Zusammensetzung konstanter als bei Rindfleisch. Der Eiweißgehalt schwankt bei den Kalbfleischspeisen zwischen 20—24%. Die konstanteste Zusammensetzung wurde bei den Specksorten gefunden. Der von meinen Versuchspersonen genossene Speck wurde gekocht oder erwärmt genossen; er ergab durchweg höhere Zahlen für Wasser- und Eiweißgehalt als diejenigen, welche in der Literatur verzeichnet sind. Der Basler Arbeiter besitzt eine große Auswahl an Würsten. Letztere sind seine beliebteste Fleischspeise. Dies beruht nicht nur auf dem relativ niedrigen Preis der meisten von den Arbeitern gebrauchten Wurstwaren; es kommt hinzu, daß diese Würste einer recht einfachen, raschen und billigen Zubereitungsweise bedürfen. Die nahrhafteste Wurst ist die Salamiwurst. Eine ebenfalls sehr konzentrierte Nahrung stellen die „Landjäger" dar mit 62% Trockensubstanz und 400 Kalorien. Die übrigen Würste geben Durchschnittswerte, welche auffallend wenig voneinander abweichen. Die einzelnen Präparate sind in ihrer Zusammensetzung jedoch recht verschieden. Es finden sich z. B. folgende Schwankungen: für die Trockensubstanz 26—53%, für das Eiweiß 7—24%, für das Fett 14—31%. — Aus diesen Zahlen läßt sich ohne weiteres erklären, warum die Größe des Fleischkonsums nicht ohne weiteres mit der Größe des tierischen Eiweißes in der Nahrung parallel geht. 100 g Fleisch, als tischfertige Speise berechnet, können je nach der Art und Zubereitung 8—38 g Eiweiß, 2—30 g Fett enthalten.

Die von den Versuchspersonen gebrauchten Fischspeisen (es

kam nur Schellfisch zur Verwendung) sind wasserreicher, fettärmer und kalorienärmer als die meisten Fleischspeisen.

Die Kartoffeln werden in verschiedener Form bereitet. Am meisten Wasser findet man in der Kartoffelpuree. Als gebratene Kartoffeln enthalten sie den größten Nährwert. Die Kartoffelspeisen unserer Arbeiter enthalten rund 1—3% Eiweiß, 1—8% Fett und 10 bis 22% Kohlehydrate. Unter den Gemüsen sind die Rosenkohlgerichte die ärmsten an Nährstoffen. Relativ wenig Nährwert besitzen auch Blumenkohl, Spinat, gelbe Rüben und Weißkraut. Bei allen diesen Speisen schwankt die Trockensubstanz um 10% herum. Der Eiweißgehalt beträgt 1—2,5%, das Fett 0,5—4,5%, die Kohlehydrate 3—6%. Der Wärmewert variiert zwischen 35—65 Kalorien. Die nahrhaftesten Gemüsearten sind die Bohnen und Erbsen. Die Erbsen sind die eiweißreichsten, die Bohnen die fettreichsten unter den Gemüsen. Der Kaloriengehalt dieser beiden Speisesorten beträgt 100—240 Kalorien. Einen etwas geringeren Wärmewert besitzen die Mehl- und Reisspeisen. Der Reis wird von dem Basler Arbeiter mit sehr viel Wasser zubereitet. Reisgerichte enthalten hier ca. 80% Wasser. Der „Risotto" der Italiener enthält öfter nicht mehr wie 50—55% Wasser. Die Mehlspeisen werden nicht selten zu wenig gekocht. Die sogenannten „Knöpfli" oder „Spätzli", welche hier öfters genossen werden, stellen m. E. eine eher schlecht vorbereitete Speise dar. Das Mehl wird dazu nur wenige Minuten in das kochende Wasser gebracht, und während dieser kurzen Zeit ist eine genügende Veränderung der Stärkekörner unmöglich. Daß der Verdauungstraktus dabei unzweckmäßig in Anspruch genommen wird, ist sicher.

Eine sehr konzentrierte und beliebte Nahrung ist in Basel die Eierspeise, die „Omelette". Diese wird aus Mehl, Fett, etwas Milch und Eiern gemacht. Die Bestimmungen ergaben für dieselbe rund 50% Trockensubstanz, 6—8% Eiweiß, 13—33% Fett und 18—30% Kohlehydrate. Wärmewert: 260—410 Kal. Rohe oder gekochte Eier wurden von meinen Versuchspersonen nicht gebraucht. An einem Tage (von 62 Versuchstagen) kamen Spiegeleier auf den Tisch.

Das reichlichste Analysenmaterial fällt auf die Suppen. Im ganzen wurden 56 Suppenpräparate untersucht. Dieselben sind meistens arm an Nahrungsstoffen. Die Trockensubstanz beträgt im Durchschnitt nur 7,7%. Eine Anzahl Suppen enthalten 95% Wasser, weniger als 1% Eiweiß und Fett und nicht mehr wie 3% Kohlehydrate. Die ärmsten an Nahrungsstoffen haben 18—20 Kal., die reichsten 60—80 Kal. pro 100 g. Eine Anzahl der am häufigsten vorkommenden Suppenarten habe ich in Tabelle 3 zusammengestellt.

Wir haben an unserem Analysenmaterial geprüft, ob ein gewisses Verhältnis besteht zwischen Trockensubstanz und Kalorien. Kalorimetrische Bestimmungen lassen sich nicht überall ausführen, und die quantitative Bestimmung der einzelnen Bestandteile: Eiweiß, Fett, Asche bzw. Kohlehydrate ist zeitraubend. Könnte man mit genügender Exaktheit durch Multiplikation der Trockensubstanzwerte mit einem bekannten Faktor den Wärmewert einer Speise eruieren, so wäre es von praktischer Bedeutung. Bei den Fleischspeisen läßt sich leider ein genügend konstantes Verhältnis zwischen Trockensubstanz und Wärmewert nicht finden. Die Schwankungen im Fettgehalte sind hier offenbar viel zu groß. Bei den Suppen und vegetabilischen Speisen läßt sich dagegen eine ziemlich konstante Zahl erhalten. Für die Suppen kann man rechnen, daß 1 g Trockensubstanz ziemlich genau 4,58 Kal. entspricht. Enthält bei den vegetabilischen Speisen die betreffende Speise weniger als 30% Trockensubstanz, so erhält man den Wärmewert mit praktisch genügender Exaktheit, wenn die Zahl der Trockensubstanz mit dem Faktor 4,74 multipliziert wird. Handelt es sich um eine Speise, welche mehr als 30% Trockensubstanz enthält, so ist es genauer, den Faktor 4,53 zu wählen.

Tabelle

General-

Mittlere Zufuhr

	1	2	3
Versuchsperson	Gesamt-gewicht der Kost	Wasser-gehalt	Trocken-substanz
I. Bauschlosser, 64,2 kg, 37 Jahre. Versuchsdauer: 9 Tage (Winter 1911—12).	3827,6	3145,8	650,7
Pro Kilo Gewicht	59,62	49,0	10,13
II. Kesselschmied, 58,4 kg, 28 Jahre. Versuchsdauer: 7 Tage (Winter 1911—12).	3945,8	3305,3	612,4
Pro Kilo Gewicht	67,6	56,6	10,5
III. Gärtner, 70 kg, 33 Jahre. Versuchsdauer: 7 Tage (Frühjahr 1912).	4319,0	3477,8	764,3
Pro Kilo Gewicht	61,7	49,7	10,9
IV. Tramführer, 98,5 kg, 31 Jahre. Versuchsdauer: 9 Tage (Winter 1911—12).	3808,8	3125,4	600,3
Pro Kilo Gewicht . . . . . , ...	38,6	31,7	6,1
V. Briefträger, 61 kg, 36 Jahre. Versuchsdauer: 7 Tage (Frühjahr 1912).	2902,5	2289,4	594,7
Pro Kilo Gewicht	47,6	37,5	9,7
VI. Färber, 48,5 kg, 18 Jahre. Versuchsdauer: 9 Tage (Frühjahr 1911).	2378,2	1811,1	567,2
Pro Kilo Gewicht	49,0	37,3	11,7
VII. Färber, 79 kg, 50 Jahre. Versuchsdauer: 7 Tage (Frühjahr 1912).	3990,0	3245,2	744,7
Pro Kilo Gewicht	50,5	41,1	11,4
VIII. Bureauschreiber, 71,5 kg, 31 Jahre. Versuchsdauer: 7 Tage (Frühjahr 1912).	3146,4	2537,5	582,6
Pro Kilo Gewicht	44,0	35,5	8,1
Gesamtdurchschnitt: 68,9 kg	3539,7	2867,1	639,6
Pro Kilo Gewicht	51,4	41,6	9,3

V. Die Zufuhr an Nahrungsstoffen und Kalorien in der Kost des Baslers Arbeiters.

(Vergleich mit den Kostmaßen in anderen Ländern.)

1. Vorbemerkungen, Generaltabelle. Durch Gebrauch der im vorigen Kapitel erwähnten Analysen gelangt man bei der Berechnung der Kost zu folgenden täglichen Mittelzahlen:

Zur richtigen Beurteilung der erhaltenen Werte müssen wir die körperlichen Eigenschaften der einzelnen Versuchspersonen berücksichtigen. Zwei Arbeiter, Nr. IV und VI, weichen in ihrer körperlichen Konstitution etwas stark von dem Durchschnitt ab, der Färber VI durch sein jugendliches Alter (18 Jahre) und niedriges Körpergewicht

4.

tabelle.

pro Tag in Gramm.

4	5	6	7	8	9	10	11	12	13	14
	Eiweiß		Fett	Kohle-hydrate	Alkohol	Kalorien aus				
tier.	pflanzl.	total				Eiweiß	Fett	Kohleh.	Alkohol	total
85,0	38,1	123,1	123,8	365,9	31,2	504,7	1151,4	1499,6	229,6	3385,3
1,32	0,59	1,91	1,93	5,69	0,49	7,84	17,94	23,34	3,58	52,70
59,5	41,8	101,3	81,6	394,1	28,1	416,8	758,9	1615,6	196,4	2987,7
1,02	0,72	1,74	1,39	6,75	0,5	7,13	12,99	27,7	3,4	51,2
57,3	53,9	111,2	80,0	505,8	77,0	456,4	744,2	2074,0	540,0	3814,6
0,82	0,77	1,59	1,14	7,23	1,1	6,54	10,61	29,63	7,7	54,5
49,1	57,2	106,3	94,8	359,2	83,3	436,4	881,0	1473,8	583,6	3374,9
0,50	0,58	1,08	0,96	3,65	0,84	4,43	8,93	14,96	5,9	34,2
41,2	40,2	81,5	77,5	415,6	18,3	334,5	721,1	1702,3	128,3	2885,8
0,68	0,66	1,34	1,27	6,76	0,3	5,49	11,81	27,8	2,1	47,30
49,3	48,2	97,5	78,5	368,7	—	400,0	729,0	1511,9	—	2630,9
1,0	1,0	2,00	1,62	7,60	—	8,20	15,03	31,17	—	54,40
73,0	58,8	132,0	112,8	457,4	—	542,3	1048,8	1874,8	—	3465,9
0,92	0,74	1,66	1,43	5,78	—	6,86	13,30	23,70	—	43,9
63,34	37,4	100,74	94,92	350,3	26,4	413,2	883,3	1436,8	184,6	127,9
0,89	0,52	1,40	1,33	4,90	0,4	5,78	12,35	20,09	2,58	40,80
59,71	46,95	106,7	93,00	402,1	33,0	437,1	864,9	1648,5	231,0	3181,5
0,87	0,68	1,55	1,35	5,84	0,48	6,35	12,55	23,94	3,35	46,19

(48,5 kg), der Tramführer IV durch sein ziemlich hohes Gewicht (98 kg)
und seine geringgradige Obesitas. Es ist also von vornherein schon
zu erwarten, daß bei diesen beiden Individuen die größten Abweichungen
sich finden werden. In der Tat finden wir auch, daß beim Tramführer
die tägliche Zufuhr pro Kilo Gewicht durchweg niedriger ist als bei sämt-
lichen anderen Arbeitern. Das Gegenteil ist bei dem jungen Färber
vorauszusehen; hier treffen wir auch für die meisten Komponenten
der Nahrung, pro Kilo berechnet, die höchsten Zahlen an. Die Schwankungen, welche bei den übrigen Versuchspersonen anzutreffen sind,
sind wohl als ziemlich unabhängig von besonderen groben körperlichen
Eigenschaften zu betrachten. Sie beruhen auf der verschiedenen
Arbeitsleistung und zum Teil, z. B. der Alkoholgenuß, auf der individuellen Geschmacksrichtung. Es ließe sich noch einleitend die Frage
erörtern, welches Zahlenmaterial zum Vergleich am geeignetsten erscheint: die absoluten Zahlen oder die Werte pro Kilo Gewicht berechnet.
Beide Zahlenreihen haben ihre Bedeutung, und eine bestimmte Antwort
auf diese Frage läßt sich kaum geben. Da die Vergleiche zwischen den
beiden Reihen im wesentlichen zu denselben Schlüssen führen, erscheint
mir überflüssig, hier darüber zu streiten.

    2. Der Wassergehalt der Kost. Es ist ganz selbstverständlich,
daß die tägliche Nahrung ein gewisses Volumen oder Gewicht erreichen
soll. Dies entspricht schon dem Verlangen nach dem Sättigungsgefühl,
welches der Mensch nach seinen Hauptmahlzeiten haben will. Aus zahl-
reichen Untersuchungen Voits, Uffelmanns u. a. geht mit Sicherheit
hervor, daß der Erwachsene rund 3 l Wasser täglich durch Nieren, Lungen
und Haut ausscheidet. Dieses Wasser muß gleich wieder zugeführt
werden. Es gibt keinen Stoff, welchen der Körper weniger entbehren
kann als Wasser. Das Durstgefühl ist bekanntlich viel unerträglicher
als das Hungergefühl. Das Wasser bildet nun den weitaus größten
Anteil an dem Volumen der Nahrung. Die Zahlen der ersten Kolonne
(Tabelle 4) setzen das Gewicht der ganzen Kost, feste Speisen plus
Getränke, zusammen. Der junge Färber VI bildet hier die einzige Ausnahme, indem er während der Versuchszeit einige Male Wasser trank,
ohne dasselbe vorher gewogen zu haben. Die Zahlen sind also hier für
Gesamtgewicht und Wassergehalt etwas zu niedrig. Sämtliche übrigen
Arbeiter tranken während der ganzen Versuchszeit keinen Tropfen
Wasser. Alle erklärten, daß das Wasser ihnen nicht schmeckte. Berücksichtigt man die enormen Kaffee- und Suppenrationen, welche genossen
werden, so versteht man, daß das Bedürfnis nach Wasser kein großes
sein kann. In Kolonne 2 (Generaltabelle) findet sich der mittlere Gehalt an Wasser in der Gesamtkost angegeben. Die von mir erhaltenen
Zahlen entsprechen der allgemeinen Forderung von 2,5—3 l Wasser
pro Tag[1]). Mit Ausnahme von Nr. V (Briefträger) und VIII (Bureauschreiber) haben sämtliche Personen mehr als 3 l Wasser in Speisen

---

[1]) Forster erhielt bei seinen Versuchsindividuen bei mäßiger Arbeit für
die Wasserzufuhr in Speisen und Getränken 2200—3500 g pro Tag, Zahlen, welche
mit den meinigen übereinstimmen.

und Getränken eingenommen (Arbeiter Nr. VI kommt hier nicht in Betracht). Meine Untersuchungen fanden in den kälteren Jahreszeiten statt, Winter und Frühjahr. Darin liegt ein Vorteil zur Beurteilung des Wasserbedürfnisses des Organismus. Die Flüssigkeitszufuhr ist an keinem Tage durch besonders große Hitze in die Höhe geschraubt worden.

Berechnet man den Prozentanteil des Wassers in der Gesamtkost, so findet man auffallend gut übereinstimmende Zahlen:

Versuchsperson:	I	II	III	IV	V	VI	VII	VIII
Gesamtwasserzufuhr in Prozent des Gesamtgewichtes der Kost . . .	82	84	80,5	82	79	—	81	81

Der schwedische Arbeiter (Hultgren und Landergren) erhält in seiner Gesamtnahrung rund 80% Wasser. Die Versuchspersonen Försters (Arbeiter in München) nehmen 81% der Gesamtnahrung als Wasser auf. Ich möchte daraus schließen, daß der erwachsene Mann bei mittlerer Arbeit und normaler Ernährung 80% des Gesamtgewichtes seiner Kost als Wasser einführen muß.

Hieran mag folgende Bemerkung angeknüpft sein. Der Körper des Menschen enthält 63% Wasser, die Muskeln 75%, das Blut 78%. Es ist wohl kein Zufall, daß das Nahrungsgemisch ungefähr den gleichen oder genauer einen um 2—3% höheren Wassergehalt besitzen muß als das Blut. Der Organismus kann mittels dieser Mischung mit Leichtigkeit den Wassergehalt des Blutes konstant erhalten, wie es tatsächlich auch der Fall ist.

Die Zahlen der Kolonne II lassen sich noch auf folgende Weise verwerten. Es ist zweifellos, daß die drei ersten Versuchspersonen die strengere Arbeit auszuführen hatten. Nun finden wir bei denselben eine Gesamtwasserzufuhr, welche diejenige bei den übrigen Arbeitern bedeutend überragt. Pro Kilo Gewicht nehmen die drei ersten Individuen 49—57 g Wasser, die übrigen 32—41 g. Die Größe der Arbeit scheint hier eine Rolle zu spielen. Die Art der Arbeit, ob in einer Werkstatt oder im Freien gearbeitet wird, fällt, bei normalen Temperaturverhältnissen, kaum in Betracht[1]). Die Bedeutung der physischen Arbeit für den Wasserhaushalt des Organismus ist schon öfters beobachtet worden. 2 Versuchspersonen von Atwater schieden bei strenger Arbeit ½ l Wasser mehr aus als im Ruhezustande. Berücksichtigt man das hohe Gewicht des Tramführers, so kommt man zum Resultate, daß Arbeiter mit strengerer Arbeit 50—55 g

---

[1]) Der Gärtner hatte seine Tätigkeit während der Versuchszeit ausschließlich im Freien, der Kesselschmied arbeitete in einer normal erhitzten Werkstatt, der Bauschlosser in nicht geheizten, aber zum Teil schließbaren Neubauten. Die beiden Färber waren in Fabrikräumen, der Bureauschreiber in einem ziemlich warmen „Kanzleizimmer". Der Briefträger hatte den größten Teil seiner Arbeit auf der Straße zu verrichten, endlich der Tramführer in den Tramwagen.

Wasser, Arbeiter mit leichterer Muskelarbeit 35—40 g Wasser pro Tag und Kilo Gewicht gebrauchen.

3. Die Trockensubstanz. Die weitaus größte Zufuhr an Trockensubstanz (Kolonne 3) nimmt der junge Färber zu sich: 11,7 g pro Kilo und bei leichter Arbeit. Für einen 70 kg schweren Mann würde es 820 g Trockensubstanz ausmachen. Der 70 kg schwere Gärtner, der eine bedeutend strengere Arbeit leistete, nahm nur 764 g täglich ein. Dieses Ergebnis entspricht den bisherigen Beobachtungen aus der Literatur (Uffelmann), daß das Kostmaß bei jugendlichen Individuen (18—20 Jahre) durchweg dasjenige der Erwachsenen übersteigt. Im übrigen ergibt sich hier wie für das Wasser, daß mit der schwereren Muskelarbeit ein größerer Gehalt der Kost an Trockensubstanz einhergeht. Die drei Arbeiter mit strengeren Berufen erhalten 10—11 g Trockensubstanz pro Tag. Der Bureauschreiber braucht nur 8,1 g, der Tramführer 6,1 g. Diese letzte Zahl ist durch das hohe Gewicht beeinflußt; ob auch der Alkoholgenuß zur Herabsetzung der Trockensubstanzzufuhr etwas beiträgt, mag dahingestellt sein. Die erwachsenen Basler Arbeiter brauchen 600—750 g Trockensubstanz pro Tag. In Schweden braucht der Arbeiter im Mittel 898 g Trockensubstanz. Meine Zahlen stimmen mit denjenigen, welche aus Voits Untersuchungen hervorgehen überein; aus letzteren läßt sich berechnen, daß für mittlere Arbeit die Trockensubstanz der Kost ca. 700 g betragen soll. Der belgische Arbeiter verzehrt mit seiner Nahrung ungefähr 630 g Trockensubstanz (berechnet nach Erhebungen von Slosse bei 33 Arbeitern von Brüssel). Es läßt sich somit das Postulat aufstellen, daß bei zweckmäßiger Ernährung ein gesunder Arbeiter bei mittlerer Arbeit 9,5—10 g Trockensubstanz pro Kilo und Tag bedarf.

4. Der Gesamteiweißgehalt der Kost (Kolonne 6, Tabelle 4). Wie für die Trockensubstanz, so findet man das Maximum der Eiweißzufuhr, pro Kilo Gewicht berechnet, bei dem jungen Färber Nr. VI mit 2 g Eiweiß pro die. Dieses Ergebnis scheint darauf hinzuweisen, daß, wie die Trockensubstanz, auch das Eiweiß bei noch wachsenden Jünglingen in der Kost reichlicher zugeführt werden muß als bei erwachsenen Individuen. Beim Vergleiche der übrigen Zahlen der Kolonne 6 fällt es ohne weiteres auf, daß die größte Eiweißmenge von denjenigen Personen genossen wird, welche die strengere Arbeit verrichten (Bauschlosser, Gärtner, Kesselschmied und Färber Nr. VII). Diese Beobachtung, daß bei frei gewählter Kost, die Steigerung der physischen Arbeit eine Vermehrung der Eiweißzufuhr veranlaßt, ist schon früher gemacht worden. Man hat derselben einen sehr verschiedenen Wert beigelegt. Die Erhöhung der Eiweißzufuhr wird nicht durch die Arbeitsleistung an sich bedingt, „sonst müßte ein Arbeiter an Sonn- und Feiertagen weniger Eiweiß genießen als an den Arbeitstagen" (Voit S. 522). Dies ist nun nicht der Fall. Voit gibt zur Erklärung der vermehrten Eiweißzufuhr bei strengerer Arbeit folgendes an: „Jeder Mensch vermag je nach seiner Muskelmasse eine bestimmte

Arbeit zu leisten und braucht zu deren Erhaltung eine gewisse Menge von Eiweiß in der Nahrung, gleichgültig ob er Arbeit leistet oder nicht. ..... Das mögliche Maximum der Arbeit eines Menschen richtet sich nach der Entwicklung der Muskeln, und in demselben Maße hat der Arbeiter auch Eiweiß in der Nahrung nötig." Demnach würde die größere Muskelmasse des Menschen zu ihrer dauernden Erhaltung einer höheren Eiweißzufuhr bedürfen. Diese Erklärung Voits wird auch von Munk und Uffelmann (S. 206) angenommen. Magnus-Levy (S. 327) gibt der oben erwähnten Tatsache eine andere Deutung: der Arbeiter wird bei gesteigerter Arbeit in der Nahrungszulage das gewohnte „Nährstoffverhältnis" beibehalten und in ihr auch Eiweiß zu sich nehmen. „Daß sich dann in einer Kost von 3000 Kal. 118, in einer solchen von 4000 Kal. 150 g Eiweiß und mehr finden, beruht weniger auf einer inneren Notwendigkeit, der der richtig geleitete Instinkt folgt, als in der Zusammensetzung der natürlichen Nahrung des Menschen." Es muß zugegeben werden, daß diese letztere Erklärung bedeutend einfacher aussieht als diejenige Voits und aus diesem Grunde schon plausibler erscheint. Allein, berechnet man in den Kostmaßen bei leichter und bei angestrengter Arbeit das Verhältnis des Eiweißes zu den stickstofffreien Nahrungsstoffen, so findet man dasselbe öfters zugunsten des Eiweißes verschoben. In den Kostmaßen Voits ist dieses Verhältnis für eine mittlere Arbeit wie 1 zu 4,7, für eine angestrengte Arbeit wie 1 zu 4,1. Die Differenz ist zwar nicht sehr groß und die Zahlen Voits sind, da sie bei verschiedenen Individuen gewonnen wurden, nicht sehr geeignet zur Lösung dieser Frage. Aus dem gleichen Grunde sind meine Untersuchungen dazu nicht gut brauchbar. Der Alkoholgenuß ist auch bei meinen Versuchspersonen ein Faktor, der den Eiweißumsatz merklich beeinflußt (siehe später). Ein Entscheid in dieser Streitfrage ließe sich nur durch langdauernde quantitative Versuche bei einem und demselben Arbeiter unter verschiedenen Arbeitsbedingungen mit Sicherheit fällen. Immerhin, wenn es sich zeigt, daß ein Arbeiter, trotz seines bescheidenen Lohnes, doch eine verhältnismäßig reichlichere Menge des teuren Eiweißes genießt, während dasselbe durch die billigen Kohlehydrate theoretisch ersetzt werden könnte, so ist dieser Tatsache m. E. eine größere Bedeutung beizumessen als diejenige nach dem Bestreben des gewohnten „Nährstoffverhältnisses". Wichtig erscheint mir auch der Befund Thomas, daß bei stärkerer Arbeitsleistung im Stickstoffminimum ein Angreifen des N-Bestandes eintritt. Aus den Beobachtungen über die frei gewählte Arbeiterkost geht mit Sicherheit hervor, daß der Eiweißumsatz in einem engen Verhältnis zu der auszuführenden Arbeit steht. Dieser Tatsache müssen wir bei den Ernährungsfragen Rechnung tragen. Wie sie aufzufassen ist, möchte ich nicht entscheiden. Obwohl mannigfache Untersuchungen die Frage nach der Quelle der Muskelkraft zum Teil aufgeklärt haben, so enthält sie noch manche Rätsel. Der Gesamtdurchschnitt für die Eiweißzufuhr beträgt bei

meinen Versuchen 106,7 g Eiweiß oder 1,55 g pro Kilo Gewicht. Da
die Eiweißzahlen durch Multiplikation der ermittelten Stickstoff-
werte mit 6,25 gewonnen wurden, so ist es genauer zu sagen, daß für
meine Versuchspersonen die mittlere Stickstoffzufuhr rund 17 g pro
Mann und Tag oder 0,25 g pro Kilo und Tag beträgt. In der Tabelle 5
sind die Zahlen der N-Zufuhr und diejenigen der N-Ausscheidung im
Harne angegeben.

Tabelle 5.

Versuchsperson	Stickstoff g			Entsprechende Eiweißmenge	
	in der Nahrung	im Harne	Differenz	in der Nahrung	im Harne
I. Bauschlosser	19,78	15,27	+ 4,51	123,1	95,0
II. Kesselschmied . . .	16,21	13,83	+ 2,38	101,3	86,3
III. Gärtner	17,79	16,0	+ 1,79	111,2	100,0
IV. Tramführer	17,0	10,6	+ 6,4	106,2	66,3
V. Briefträger	12,88	12,6	+ 0,2	81,5	78,7
VI. Färber (jung) . . .	15,60	9,3 (?)	+ 6,3 (?)	97,5	58,1
VII. Färber (alt)	21,12	19,1	+ 2,02	132,0	119,4
VIII. Bureauschreiber . .	16,13	13,1	+ 3,03	100,8	81,9
Gesamtdurchschnitt . . .	17,07	13,7	+ 3,37	106,7	85,6

Allerdings müssen die Harnstickstoffzahlen mit Vorsicht verwertet werden. Perioden von 7—9 Tagen sind relativ kurze und Fehler-
quellen von 2—3 g in der Bilanz sind möglich. Da das Gewicht sämtlicher Versuchspersonen unverändert blieb und letztere seit Jahren
dieselbe Kost genossen, möchte ich annehmen, daß sämtliche Arbeiter
im Eiweißgleichgewicht gewesen sind. Für den Zweck meiner Arbeit
glaube ich die Zahlen, welche die Untersuchung der Nahrungszufuhr
ergaben, als die maßgebenden und exakten anzusehen.

Das Zahlenmaterial der Tabelle 5 läßt sich zu folgenden Bemerkun-
gen verwerten. Rechnet man 1,5—2,5 g Stickstoffverlust pro Tag mit
den Faeces, Perspiration usw., so finden sich die Versuchspersonen
II, III, VII und VIII im Stickstoffgleichgewicht Retentionen von
Stickstoff sind, der Tabelle nach, bei Nr. I, IV und VI zu finden. Die
Zahl für Harnstickstoff ist aber bei VI nicht ganz zuverlässig, da während der Versuchszeit ein Tag ausgeschaltet werden mußte (Sonntag
mit Fußtour), bei welchem der Harn nicht gesammelt werden konnte.
Es ist sehr wahrscheinlich, daß an diesem Sonntag ein N-Defizit vorhanden gewesen wäre, welches die N-Bilanz ungünstig beeinflußt hätte.
Auffallend günstig ist die Bilanz des Tramführers (+ 6,4 g N). Bei ihm
finden wir das Minimum der Eiweißzufuhr pro Kilo berechnet; auch
die absolute Zahl 106 g ist auffallend gering. Der Gärtner, der die
intensivste Arbeit ausführt, hat unter den strenger arbeitenden Versuchspersonen, pro Kilo berechnet, die geringste Eiweißmenge in seiner
Kost. Es sind gerade diese beiden Arbeiter, III und IV, welche den
größten Alkoholgenuß aufweisen. Der Briefträger scheint eine Kost
zu genießen, welche etwas knapp in ihrem Eiweißgehalt ist. Sie ist
für ihn wohl deswegen ausreichend, weil sie in besonders gut resorbier-

barer Form genommen wird: 651,5 g Milch, 389 g Weißbrot, 61 g Zucker, 106 g Fleisch usw. und nur 43 g Gemüse pro die. Die Zufuhr von 18,3 g Alkohol (ein kleines Quantum) begünstigt ebenfalls die Resorption. Erwähnenswert ist endlich, daß der abstinente Färber Nr. VII die größte Stickstoffausscheidung aufweist. Obwohl seine Arbeit weniger anstrengend ist als diejenige des Gärtners oder des Bauschlossers, verbraucht er, nach den Harnanalysen berechnet, 20—25 g Eiweiß mehr pro Tag als diese beiden Arbeiter.

Dem Gesamtdurchschnitt von 106,7 g Nahrungseiweiß entspricht eine Stickstoffausscheidung im Harne von 13,7 g, gleich 85,6 g Eiweiß. Der belgische Arbeiter, nach direkten Erhebungen von Slosse bei 33 Arbeitern, erhält 104,6 g Eiweiß (1,56 g pro Kilo) und scheidet 12,9 g Harn-N gleich 81 g Eiweiß aus: das gleiche Verhältnis wie das in Basel erhaltene. 9 von Hultgren und Landergren untersuchte schwedische Arbeiter erhielten mit der Kost 166,3 g Eiweiß; die aus dem Harne berechnete umgesetzte Eiweißmenge betrug 101,3 g. Hier scheint, da die Versuchsindividuen im übrigen im Gleichgewicht standen, eine relativ schlechte Resorption des Nahrungseiweißes vorhanden zu sein. Dies mag, wie die Verfasser selbst angeben, mit der Art der Nahrung, reichlich Pflanzeneiweiß, saures Roggenbrot, zusammenhängen. Japanische Matrosen eines Panzerkreuzers erhielten 130 g Eiweiß pro Tag; mit dem Harne wurden 111 g Eiweiß als Stickstoff ausgeschieden (Satoda zit. nach Suto). Meine Zahlen dürften dem richtigen Verhältnis entsprechen. Bei dieser Kostform ist jedenfalls das Eiweißbedürfnis des Arbeiters bei mittlerer Arbeit gedeckt.

Da die beiden Fragen des normalen Bedarfes des erwachsenen Mannes an Gesamteiweiß und an tierischem Eiweiß eng miteinander verknüpft sind, werden dieselben später in einem besonderen Abschnitt besprochen.

5. Tierisches und pflanzliches Eiweiß in der frei gewählten Arbeiterkost. Es war manchmal schwer, für das Eiweiß eine gute Trennung zwischen dem pflanzlichen und tierischen Anteil zu treffen. Gewisse Suppen enthielten zugleich Eiweiß aus dem Pflanzen- und Tierreich. Ich mußte hier etwas willkürlich entscheiden. Das Eiweiß der Suppen mit Zusatz von mehlhaltigen Speisen oder Gemüsen wurde zum Pflanzeneiweiß gerechnet, obwohl in einigen Fällen etwas Fleischbrühe dazu verwendet wurde. Nur bei Suppen mit Eizusatz wurde ein Bruchteil des Eiweißes als animales Eiweiß berechnet. Ich glaube jedoch, daß meine Zahlen den Tatsachen richtig entsprechen.

Ziemlich charakteristisch für die Kost des Basler Arbeiters ist der relativ reichliche Genuß von tierischem Eiweiß. Bei meinen Versuchen verhalten sich tierisches und pflanzliches Eiweiß wie folgt:

Das Gesamteiweiß

betrug bei Versuch:	I	II	III	IV	V	VI	VII	VIII
aus tierischem Eiweiß in Prozent	69	58,7	51,5	46,2	50,5	50,6	55,3	62,9
aus pflanzlichem Eiweiß in Prozent	31	41,3	48,5	53,8	49,5	49,4	44,7	37,1

Mit Ausnahme von Versuchsperson IV beträgt das tierische Eiweiß stets mehr als 50% des Gesamteiweißes.

In folgender Tabelle habe ich die Herkunft des Eiweißes in einigen untersuchten Kostformen zusammengestellt.

Tabelle 6.

	Tierisches Eiweiß		Pflanzliches Eiweiß	
	absolut g	% des Gesamt-Eiweiß	absolut g	% des Gesamt-Eiweiß
Voit: Kost eines mittleren Arbeiters	38	35	80	65
Hultgren, Landergren: Schwedische Arbeiter	78,7	48,5	80,4	51,5
Uffelmann (S. 324): Soldatenkost .	39	35	71	62,6
Uffelmann: Kräftige Arbeiter . .	—	46	—	54
Voit: Wohlhabende Leute	—	77	—	33
Gautier (S. 33): Pariser Bevölkerung	56,3	55	46,7	45
Satoda: Japan. Kriegsmarine . . .	48	36,6	83	63,4
Sundström: Finnländische Arbeiter	—	40	—	60
„ Finnländische Student.	—	61,4	—	38,6
Gigon: Basler Arbeiter (Durchschn.)	59,8	56	46,9	44

Aus dieser Tabelle geht hervor, daß der Basler Arbeiter einen größeren Prozentsatz an tierischem Eiweiß einnimmt als die Arbeiter anderer Länder. Nirgends als in Basel enthält die Arbeiterkost mehr als die Hälfte der Gesamtproteine als tierisches Eiweiß. Die von mir erhaltenen Zahlen sind denjenigen am nächsten, welche Gautier in seiner Statistik über die Ernährung der Gesamt-Pariser Bevölkerung erhielt. Aus diesem Ergebnis kann man mit Sicherheit schließen, daß die Zufuhr an Eiweiß bei meinen Versuchspersonen den Bedürfnissen des Organismus vollauf entsprach.

Betrachten wir noch, aus welchen Bestandteilen die zwei Komponenten des Nahrungseiweißes bestehen. Obwohl der Basler Arbeiter weniger Fleisch und Fisch verzehrt als seine Genossen von München, Schweden usw., so enthält seine Nahrung prozentual und absolut berechnet fast die größte Menge an Proteinen animaler Herkunft. Allein der Schwede genießt mehr tierisches Eiweiß, und zwar vorwiegend als Hering oder sonstige Fische. Dies rührt daher, daß der Basler Arbeiter ein relativ sehr großes Quantum Milch, aber auch Käse und Eier mit seiner Kost einnimmt. Während der deutsche Arbeiter 100—200 g Milch, 5—15 g, Käse, 4—11 g Eier pro Tag verbraucht (Lichtenfeldt), der Pariser 213 g Milch, 8 g Käse, 24 g Eier (Gautier), erhält der Basler 510 g Milch, 22,4 g Käse, 18 g Eier, d. h. rund 25 g Eiweiß animalischen Ursprungs, welches nicht aus Fleisch herstammt. Dazu kommen noch eine allerdings geringe Zahl Eier und etwas Käse, die in den Suppen und Mehlspeisen als Zusatz Verwendung finden. Man kann schätzen, daß bei der Basler Kost nicht mehr als die Hälfte des tierischen Eiweißes aus Fleisch besteht.

Der pflanzliche Anteil des Nahrungseiweißes wird in der Nahrung meiner Versuchspersonen vorwiegend als Brot genossen. Zirka 30 g Eiweiß werden in dieser Form dem Körper zugeführt. Der Rest wird mit den Kartoffeln, Mehlspeisen und Gemüsen einverleibt.

6. Eiweißreiche oder eiweißarme Nahrung. Fleischhaltige Kost. Die grundlegende Frage des normalen Eiweißbedarfes des erwachsenen Mannes ist seit den bahnbrechenden Untersuchungen Voits der Gegenstand zahlreicher Arbeiten gewesen. Voit verlangte für einen Erwachsenen bei leichter oder mittlerer Arbeit 118 g Eiweiß. Schon kurze Zeit nach den Veröffentlichungen Voits ist gegen die Richtigkeit seiner Zahl Einspruch erhoben worden. Viele Autoren erachteten einen täglichen Eiweißumsatz von 90—80 g als hinreichend für einen mittleren Arbeiter. Uffelmann schätzt die Eiweißration des Erwachsenen von mittlerem Gewicht und bei mäßiger Arbeit auf 100 g pro die (S. 205). Es würde zu weit führen, hier die zahlreiche ältere, diesbezügliche Literatur zu zitieren. Dieselbe findet sich zum großen Teil in den Büchern über die Ernährungs- und Stoffwechsellehre (Voit, Tigerstedt in Nagels Handbuch, Magnus-Levy, Chittenden, Lusk usw.).

Angeregt durch die Propaganda, welche zuerst aus Laienkreisen zugunsten einer eiweißarmen Ernährung ausging, haben zahlreiche Forscher in mühsamen Untersuchungen die Frage des Eiweißbedarfes des Menschen zu lösen versucht. Mit Vorliebe werden die Untersuchungen Chittendens erwähnt. Nach denselben sollte beim erwachsenen Manne eine Eiweißmenge von etwa 55—65 g in der Nahrung vollkommen ausreichen zur Erhaltung des Körpergleichgewichtes und der physischen Kraft.

Hirschfeld, Klemperer, Kumagawa, Hindhede u. a. haben nachgewiesen, daß ein gesunder kräftiger Mann bei genügender Zufuhr an N-freien Nahrungsstoffen mit 40 g, ja noch weniger Eiweiß im Stickstoff- und Körpergleichgewicht sich mehr oder weniger lange (einige Tage, sehr selten einige Monate) erhalten kann. Diese Tatsache ist ja theoretisch interessant; jedoch sind diese Resultate praktisch ebensowenig zu verwerten, wie diejenigen z. B. Landergrens, welcher bei einer Stickstoffzufuhr von 3—5 g pro Tag noch N-Gleichgewicht für kurze Zeit erhalten konnte.

Wir müssen hier zwei Begriffe scharf voneinander trennen. Es gibt nicht nur ein Eiweißminimum, sondern zwei verschiedene, oder besser zwei Kategorien von Eiweißminima, die mit einander nichts Gemeinsames haben. In der Literatur findet man wiederholt den Ausdruck des physiologischen Eiweißminimums. Darunter versteht man allgemein diejenige kleinste Eiweißmenge, welche mit einer bestimmten Nahrungsform unbedingt zugeführt werden muß, um den Körper auf seinem Eiweißbestande zu halten. Bei ausschließlicher Ernährung mit Kartoffeln ist die kleinste zur Erhaltung des Bestandes notwendige N-Menge etwa 5,5 g; bei alleiniger Brotkost ist sie ca. 13 g (Thomas 1909, S. 226). Diese beiden Zahlen entsprechen dem Begriff des physiologischen Stickstoff- bzw. Eiweißminimums und lassen sich

m. E. besser als absolute Eiweißminima bezeichnen. Sie sind diejenigen Eiweißmengen, welche bei einer bestimmten Nahrung zur Erhaltung des Eiweißgleichgewichtes, vielleicht aber nicht einmal auf die Dauer zur Erhaltung des Lebens ausreichen. Es ist selbstverständlich, daß dieselben niemals die Grundlage einer normalen Kostform abgeben können. Voit hat auch nicht seine Zahl von 118 g Proteinen als physiologisches oder absolutes Eiweißminimum angegeben. Für die praktische Ernährungslehre gilt es ein Eiweißminimum zu finden, bei welchem der Körper bei einer rationellen nicht zu einseitigen Ernährung mit Leichtigkeit seinen Eiweißbestand erhalten kann, und zwar mit einer bestimmten Leistung an physischer Arbeit unter bestimmten Nahrungs- und eventuell klimatischen Bedingungen. Dieses praktische Eiweißminimum ist nur ein relatives Minimum, wenn man überhaupt hier von Minimum reden will. Dasselbe soll die Menge und Qualität der Eiweißstoffe angeben, welche nicht nur zur Erhaltung des Lebens, sondern zur normalen guten Entwicklung der Fähigkeiten des erwachsenen Menschen nötig sind. Vielleicht läßt es sich auch als optimale Eiweißzufuhr bezeichnen? Aus den Versuchen von Landergren, Thomas u. a. ist ersichtlich, daß die absoluten Minima ziemlich große Schwankungen aufweisen. Sie werden u. a. von der Individualität der Versuchspersonen stark beeinflußt. Das Körpergleichgewicht und die Stickstoffbilanz sind sehr labil, und es wird offenbar bei dieser Kostform dem Organismus eine beständige nicht geringe Anstrengung zugemutet. Die Ernährungsfragen sind aber nicht einfache Bilanzfragen. Bei den normalen Ernährungsvorgängen muß der Körper einen gewissen Spielraum zur Verfügung haben. Diesen Spielraum, diese Elastizität opfern zu wollen, heißt den Körper in Gefahr versetzen. Der Mensch muß doch mit der normalen Kost Jahre hindurch sein Gleichgewicht erhalten; er muß sich fortpflanzen können und gegen Krankheiten eine gewisse Widerstandsfähigkeit besitzen.

Diese kurzen Überlegungen mahnen zur Vorsicht bei der Beurteilung vieler Angaben aus der Literatur. Untersuchungen, welche bei einer abgemachten Kost nur die N-Ausscheidung der Versuchspersonen während kurzer Zeit berücksichtigen und daraus den Eiweißbedarf bestimmen, sind für diesen Zweck nicht verwertbar. Es ist noch gar nicht bewiesen, daß die N-Ausscheidung in verhältnismäßig kurzen Intervallen (sogar von mehreren Tagen) mit dem Eiweißverbrauch im Körper parallel geht. Der Körper vermag wahrscheinlich bei scheinbarem N-Gleichgewicht nicht geringe Mengen Eiweißabbauprodukte lange Zeit hindurch zu retinieren. Auch Versuche, die Wochen und Monate lang geführt sind, eignen sich nicht ohne weiteres, um die Norm für die Ernährung des Menschen festzustellen. Hindhede hat bei Fletscher während 100 Tagen einen Versuch mit Butter-Kartoffeldiät gemacht und dabei ein N-Gleichgewicht erhalten bei einer Zufuhr von 4,5 g N pro die. Es wird wohl niemand behaupten, daß die Butter-Kartoffeldiät die normale Kost des erwachsenen Mannes sein soll. Es ist auch gar nicht bewiesen, daß eine solche N-arme Kost ohne Schädigung des Organismus durchgeführt werden kann. Der Körper hat oft genügend Reservekraft, um einen Verlust in der Nahrung ohne objektive und subjektive Störungen zu verdecken. Dafür bürgen z. B. die Versuche an Hungerkünstlern. Der Verlust macht sich erst spät, vielleicht nach Jahren bemerkbar. Es sei nur an die wertvollen Befunde von Albertoni und Rossi bei den Bauern der Abruzzen erinnert. Diese italienischen Bauern genießen eine sehr eiweißarme, kohlehydratreiche Diät. Sie sind bei scheinbar subjektivem gesunden Zustande viel weniger arbeitsfähig als andere Arbeiter mit reicherer Eiweißzufuhr. Sie leiden auffallend viel an Magendarmstörungen, sie sterben relativ früh; die Geburtszahl ist bei ihnen recht gering. Wird diesen Bauern Fleisch dargereicht, so steigt ihre Arbeitskraft.

Die Untersuchungen von Chittenden haben großen theoretischen Wert; ihre Resultate können aber nicht als Norm für die praktische Ernährung des Menschen aufgestellt werden. Chittenden bestimmte den Eiweißumsatz nach der Harnausscheidung. Er erreichte in vielen Fällen N-Gleichgewicht bei einem Umsatz von etwa 0,1—0,12 g Stickstoff pro Kilo Gewicht. Seine Untersuchungen wurden bei gut trainierten Leuten mit mehr oder weniger kulinarischen Finessen ausgeführt. Der Übergang zu der geringeren Eiweißaufnahme geschah allmählich. Trotzdem ist die Verdaulichkeit bei den meisten Versuchspersonen schlechter als normal. Es gibt auch über die Zweckmäßigkeit von der Kost Chittendens zu denken, wenn ein damaliger Mitarbeiter und Versuchsindividuum, Prof. Mendel, angibt, daß die Hälfte der Versuchspersonen Chittendens sich weigerten, die Versuche zu beenden. Es erscheint mir auch von Interesse hervorzuheben, daß die überzeugtesten Vertreter der N-armen Kost, z. B. Fletscher, u. a., korpulente oder „gichtleidende" Menschen gewesen sind, welche durch pathologische Prozesse in ihrem eigenen Körper zu einer Kostform geführt wurden, welche schon lange Kliniker und Ärzte als die zweckmäßige Diät gegen Adipositas, Arthritismus usw. erkannt haben[1]). Die Erfahrungen am eigenen Körper solcher Verteidiger der eiweißarmen Nahrung sind Resultate im pathologischen Organismus, sind überdies bei Leuten gewonnen worden[2]), die zwar viel Sport bzw. Muskelarbeit leisten, welche aber in ihrer Lebensweise von derjenigen des gewöhnlichen armen Arbeiters in vielen Punkten bedeutend abweichen.

Gegen eine eiweißarme Diät nach dem Muster Chittendens läßt sich noch folgendes anführen. Es haben eine Anzahl von Untersuchungen mit Sicherheit ergeben, daß relativ arme Arbeiter trotz der notwendigen

---

[1]) Magnus-Levy hebt mit Recht hervor, daß wenn Chittendens Versuchspersonen sich bei der neuen Lebensweise wohler fühlten als vorher, neben der Eiweißarmut noch die große Regelmäßigkeit der Lebensführung, vielleicht die andere Verteilung der Mahlzeiten usw. noch mit in Betracht kommen kann.

[2]) Die von Fletscher-Borosini mitgeteilten Beispiele über die vortreffliche Wirkung der eiweißarmen Kost und des „Fletschern" auf den Organismus betreffen fast nur fettsüchtige oder arthritische Versuchsindividuen.

Ersparungstendenz in den verschiedensten Ländern eine verhältnismäßig reichliche Menge von dem teuren Eiweiß genießen (siehe Tabelle 10 S. 39). Dieses Ergebnis ist für die praktische Ernährungslehre von viel größerer Bedeutung als die Untersuchungen, welche mit den Finessen eines Laboratoriumsversuches nachweisen, daß der Mensch mit 30—60 g Eiweiß pro die auskommen kann. Es werden wohl auch Anhänger des strengsten Vegetarianismus zugeben müssen, daß auf der Welt diejenigen Völkerschaften, welche besonders tätig und produktionsfähig sind und auf der höchsten Stufe der Zivilisation stehen, auch diejenigen sind, welche am reichlichsten Eiweiß genießen. Pflüger hat dieser Tatsache in dem Satze Ausdruck gegeben, „daß die gesteigerte Eiweißzersetzung mit gesteigerter Leistungsfähigkeit verknüpft ist, welche im Kampf um das Dasein den Sieg verbürgt" (Pfl. Arch. Bd. 54, S. 319). — Ich habe schon oben die Versuche von Albertoni und Rossi bei italienischen Bauern erwähnt. Eine ähnliche Beobachtung machten Atwater und Benedickt. Italiener, die nach Amerika wandern, erhöhen ihre Arbeitskraft durch die unter den neuen Verhältnissen gesteigerte Eiweißzufuhr.

Was nun das Eiweiß animaler Herkunft speziell anbetrifft, so muß zuerst betont werden, daß eiweißarme Kost nicht mit Pflanzenkost identisch ist. Auch die Versuchspersonen Chittendens haben Fleisch genossen, allerdings in sehr bescheidenen Mengen. Ich will hier nicht die ganze Streitfrage der Zweckmäßigkeit einer vegetarischen Kost erörtern. Die Pflanzenkost ist aber stets eine eiweißarme Nahrung; kann man nachweisen, daß die normale Kost des Erwachsenen eine Eiweißration enthalten muß, welche mit ausschließlicher Pflanzenkost sich nicht ohne schwere Störungen im Organismus einführen läßt, so ist letztere ohne weiteres unbedingt zu verwerfen. Daß wir nicht von Fleisch allein leben dürfen oder können, wissen wir schon lange. Vermischt der Vegetarianer seine Pflanzenkost mit Eiern und Milch, so ist es physiologisch vollkommen unlogisch, das Fleisch verwerfen zu wollen. Über die irrigen ästhetischen Gründe, welche zugunsten der Fleischentziehung erwähnt werden, will ich nicht eingehen. Für die Beteiligung des tierischen Eiweißes und des Fleisches in der normalen Ernährung des erwachsenen Menschen läßt sich folgendes anführen. Es ist ohne Zweifel, daß das Eiweiß zur Erhaltung des Lebens unbedingt notwendig ist. Das Pflanzeneiweiß wird aber nicht so gut verwertet wie das animalische Eiweiß. Die eiweißreichen vegetabilischen Nahrungsmittel, wie Erbsen, Bohnen, Linsen usw., gehören bekanntlich zu den relativ schwer verdaulichen Speisen. Wir wissen ferner durch Untersuchungen, z. B. von Effront u. a., daß die Resorption des Pflanzeneiweißes bei gleichzeitiger Zufuhr von Fleisch gebessert wird. Man führt gerne an, daß gewisse Leute ohne Fleisch bei voller Gesundheit auskommen. Man kann aber erwidern, daß Ausnahmen noch keine Regel machen, und daß Völkerschaften mit fast ausschließlich vegetarischer Nahrung durchweg körperlich und sozial bedeutend tiefer stehen als diejenigen, wo das Fleisch einen regelmäßigen Bestandteil der Kost darstellt. Die kalifornischen Vegetarier, die Jaffa untersuchte, sind klein gebaute Individuen mit geringer Leistungsfähigkeit. Die Eingeborenen von Bengal (Mc. Cay), welche vorwiegend Reis- und Hülsenfrüchte verzehren, sind weniger widerstandsfähig als die anglo-indischen Studenten von Kalkutta. Die Bengalen haben auch übermäßig viel Darmstörungen. Derartige Beobachtungen ließen sich leicht vermehren. Gegen das tierische Eiweiß und namentlich das Fleisch wird häufig vorgebracht, daß dasselbe in dem Organismus toxische schädliche Substanzen produziere. Von Chittenden wird z. B. das Gespenst der Harnsäurevergiftung hervorgehoben. Demgegenüber wird die völlige Unschädlichkeit der stickstofffreien Nahrungsstoffe, Fette und Kohlehydrate betont. Die eine Behauptung ist ebensowenig bewiesen wie die andere. Man hat noch nie den Beweis. erbracht, daß ein mäßiger Fleischgenuß dem gesunden Organismus schädlich ist. Es ist andrerseits öfters die Vermutung ausgesprochen worden, .daß reichlicher Kohlehydratgenuß dem Körper Schaden verursachen kann. In den letzten hundert Jahren soll z. B. in Paris die Zunahme der Erkrankungen an Diabetes mellitus parallel gehen mit der Steigerung des Rohrzuckerkonsums. Übermäßiger Zuckergenuß ist zweifellos ebenso schädlich wie übermäßiger Fleischgenuß. — Zum Schluß noch eine kleine Statistik, welche Lichtenfeldt entnommen ist. Die folgenden Zahlen über den Verbrauch an animalischem Eiweiß sind aus Haushaltungsbüchern berechnet. Die Statistik trifft deutsche Arbeiter aus verschiedenen Gebieten des Reiches.

	Verbrauch an animalem Eiweiß. Verdaulich für den Mann und Tag	Sterblichkeit auf je 1000 Lebende
Chemische Industrie	54 g	6,53
Steine- und Erdenindustrie	51 g	8,63
Maschinen- und Metallverarbeitung	47 g	9,87
Bergbau	46 g	8,68
Textilbranche	34 g	13,66
Nahrungs- und Genußmittel . . .	31 g	11,33

Der Verbrauch an animalischem Eiweiß scheint sich deutlich in den Sterblichkeitsverhältnissen auszudrücken. Mit der Abnahme der Zufuhr tierischen Eiweißes wird die Sterblichkeit erhöht. Es ist noch wenig bekannt, wie weit die Kost prophylaktisch und therapeutisch bei Krankheiten wirken kann. Daß ihr eine große Bedeutung zukommt, ist sicher. Eine Parallele zu ziehen zwischen Fleischkonsum und Tuberkulosesterblichkeit wäre nicht ohne Interesse[1]).

7. Die normale Größe der Eiweißzufuhr in der Arbeiterkost; ihre qualitative Zusammensetzung. Meine Untersuchungen ergaben, daß

---

[1]) Vor kurzem haben Thomas und Hornemann experimentelle Untersuchungen veröffentlicht, welche den Beweis erbringen, daß reichliche Eiweißfütterung die Ausbreitung der Tuberkulose beim Ferkel deutlich beeinflußt. Infizierte, mit Eiweiß gefütterte Tiere zeigen durchweg eine geringere Ausbreitung der Erkrankung als infizierte mit Kohlehydraten gefütterte Ferkel.

die Kost des Basler Arbeiters im Gesamtdurchschnitt 59,7 g tierisches und 47 g pflanzliches, total 106,7 g Eiweiß enthält. In dem Kostmaß Voits ist das Eiweiß mit 118 g vertreten; 38 g desselben sollen animalischer Herkunft sein. Für Soldaten beim Manöver (mittlere Arbeit) verlangt Voit (S. 326) 135 g Eiweiß pro Tag, für Soldaten im Kriege (schwere Arbeit) 145 g Eiweiß. Gautier (S. 108) berechnet, daß ein Arbeiter bei strenger Arbeit durchschnittlich 152 g Eiweiß erhalten sollte. Zahlen weiterer Autoren finden sich in der Tabelle 10 s. S. 39. Die von Gautier postulierte Größe der Eiweißzufuhr ist von keinem der Basler Arbeiter erreicht worden, obwohl die drei ersten (Bauschlosser, Kesselschmied, Gärtner) eine ebenso mühsame Arbeit zu verrichten hatten, wie die meisten Individuen aus der Statistik Gautiers. Auch die Zahlen v. Voits sind höher als die meinigen. Es wäre aber unrichtig, gleich daraus den Schluß zu ziehen, daß die Zahlen des Münchner Physiologen zu hoch gegriffen sind. Zwischen der Kost des Münchner und derjenigen des Basler Arbeiters besteht ein wichtiger Unterschied: In Basel wird der Eiweißkonsum zu 56 %, in München bloß zu 35 % dem Tierreiche entnommen. Dieser Umstand könnte genügen, um die Differenzen zu erklären.

Diese Erörterungen über den Eiweißumsatz beim gesunden erwachsenen Mann führen mich zu folgenden Schlußbetrachtungen. Will man versuchen, eine Norm für die Größe der Eiweißzufuhr in der Kost des Menschen aufzustellen, so muß man sich klar sein, daß diese Norm keinem physiologischen oder absoluten Minimum entspricht. Es handelt sich darum, eine für praktische Zwecke brauchbare Zahl anzugeben, welche für eine bestimmte Kostform gültig ist, nämlich für diejenige gemischte Diät, wie sie in den meisten zivilisierten Völkern der Welt anzutreffen ist. Diese Zahl entspricht einem relativen Eiweißminimum, macht keinen Anspruch auf mathematische Genauigkeit. Ich habe aus diesem Grunde verzichtet, getrennte Kostmaße für leichte und schwerere Arbeit zu berechnen. Auf Grund meiner Untersuchungen unter Berücksichtigung der Tabelle 10 möchte ich für den erwachsenen Mann bei mittlerer Arbeit folgende Größe der Eiweißzufuhr annehmen:

Bei genügender Zufuhr an Fett und Kohlehydraten (siehe später) und bei gemischter Kost soll die Nahrung des Arbeiters bei mittlerer Arbeit 110—130 g Eiweiß enthalten, wenn dieses Eiweiß nur zu $\frac{1}{3}$ aus dem Tierreich entstammt. Besteht das Gesamteiweiß zur Hälfte oder mehr als zur Hälfte aus animalischem Eiweiß, so genügt eine Gesamteiweißzufuhr von 90—110 g. Als Durchschnitt möchte ich die Forderung aufstellen, daß ein erwachsener Mann bei mittlerer Arbeit 1,5 g Eiweiß pro Kilo und Tag mit seiner Nahrung erhalten muß. Diese 1,5 g Eiweiß sollten zu ungefähr 40 % aus tierischem Eiweiß bestehen. Unter bestimmten Bedingungen, wenn z. B. eine Vermehrung der Fett- oder Kohlehydratzufuhr oder wenn Alkoholzufuhr vorhanden ist, oder wenn das Gesamteiweiß auf 1,7—2 g pro Kilo ansteigt, kann der animalische Anteil zu $\frac{1}{3}$ des Gesamteiweißes sinken.

Bis jetzt haben noch niemals Untersuchungen ergeben, daß eine gesunde, arbeitsfähige Bevölkerung sich mit weniger Eiweiß ohne Schaden für sie und ihre Nachkommenschaft erhalten kann.

8. Die Fett- und Kohlehydratzufuhr. Die Nahrung meiner Versuchspersonen ist fettreich. Die Zufuhr von 125,5 g Fett pro Tag beim Bauschlosser gehört zu den größten Fettmengen, welche beim europäischen Arbeiter und mittlerer Arbeit angetroffen wurden. Der Gesamtdurchschnitt von 93 g ist weit über dem von Voit postulierten Mittel von 56 g, entspricht aber dem Gesamtmittel von 93,5 g, welches in Schweden gefunden wurde. Auffallend ist es, daß der belgische Arbeiter noch mehr Fett verzehrt als der Basler, nämlich ungefähr 106 g (siehe Tabelle 10).

Der größte Teil des Fettes wird in Basel mit dem Fleisch und der Milch genossen. Das von den Arbeitern gewählte Fleisch ist meistens fettreich (Würste, Schweinefleisch). Diejenigen Versuchspersonen, welche die größten Mengen Eiweiß genießen, Nr. I und VII, sind auch diejenigen, welche am meisten Fett erhalten. Das Minimum an Fett findet man beim Briefträger: 77,5 g. Dieser ist auch derjenige, der den kleinsten Fleischkonsum aufweist. Butter kommt nur beim Bureauschreiber und in geringem Maße beim Briefträger in Betracht. Die Personen II, VI und VII verzehrten nur beim Sonntagsfrühstück geringe Mengen von Butter.

Da Fette und Kohlehydrate sich in ihren Aufgaben für den Organismus praktisch vertreten können, ist es ohne weiteres selbstverständlich, daß hier dem individuellen Geschmack am meisten Spielraum gelassen wird. Bei geringer Fettzufuhr werden mehr Kohlehydrate eingenommen und umgekehrt. Dabei mag auch der Usus bzw. Abusus der alkoholischen Getränke eine Rolle spielen. Entsprechend dem relativ hohen Fettverbrauch ist der Kohlehydratgehalt der Basler Kost verhältnismäßig gering. Die Mittelzahl beträgt hier 402,1 g. Dazu käme der Alkohol; 33 g Alkohol entsprechen, nach dem Wärmewert berechnet, 56,8 g Kohlehydrate. Unter Berücksichtigung dieser Zahl gelangt man zu einem Gesamtkohlehydratgehalt von ungefähr 450 g pro Tag. Mehr als $\frac{1}{3}$ der Kohlehydrate findet sich als Brot. Zirka 100 g sind in der Milch, dem Zucker, der Konfitüre und dem Bier. Der Rest wird aus Mehlspeisen, Gemüsen und Kartoffeln bezogen.

9. Der Alkohol. Die Alkoholzufuhr weist bedeutende Schwankungen auf. Der größte Alkoholkonsum ist beim Tramführer zu beobachten: 83,3 g mit 584 Kal. Der Alkohol wurde von ihm fast ausschließlich in der Form von Bier und „Grog" (Kognak, Rum oder anderer Schnaps, mit heißem Wasser verdünnt) getrunken. Fast ebenso viel Alkohol nimmt der Gärtner: hier wird der Alkohol fast nur als Weißwein genossen. Es sei bemerkt, daß eine tägliche Zufuhr von 80—100 g Alkohol als nicht übermäßig hoch zu betrachten ist. Sie entspricht ungefähr einem Liter Wein pro die.

Es besteht jetzt kein Zweifel, daß der Alkohol als Nahrungsmittel anzusehen ist. In den letzten Jahren sind ausgedehnte Untersuchungen darüber gemacht worden, deren Resultate vollkommen eindeutig sind. Im Jahre 1909 publizierten Albertoni und Rossi Untersuchungen über den Einfluß des Weines auf die menschliche Verdauung und den Stoffhaushalt beim Menschen. Ihre Versuche wurden bei italienischen Bauern ausgeführt. Folgende Tabelle gibt eine Übersicht der wichtigsten Ergebnisse von Albertoni und Rossi.

Tabelle 7.

Versuchsperiode	In der Nahrung					Verlust mit dem Stuhl					Stickstoff pro Gramm und Tag				
	Trockensubst. g	Eiweiß g	Fett g	Kohlehydrate g	Alkohol g	Trockensubst. g	Eiweiß g	Fett g	Kohlehydrate g	Calorien g	in der Nahrung	im Stuhle	resorbierter Stickstoff	Harnstickstoff	Bilanz
I	610,9	60,0	40,4	485,2	—	52,8	13,0	4,4	27,6	207,9	9,6	2,1	7,5	7,5	—0,02
II	609,1	58,0	38,5	487,2	73,7	38,0	9,9	3,0	19,7	149,9	9,3	1,6	7,7	7,1	+0,6
III	567,8	53,2	36,1	452,2	107,2	33,4	8,6	2,4	17,7	130,5	8,5	1,4	7,1	6,2	+0,9

In den Perioden mit Weinzufuhr schränkten die Versuchsindividuen instinktiv die Nahrungszufuhr etwas ein. Die Assimilation geschah besser, endlich wurde eine Ersparnis des Eiweißverbrauches konstatiert. Während der Alkoholperioden nahmen die Personen an Gewicht zu. Meine Resultate entsprechen denjenigen der italienischen Autoren. Der Tramführer mit seinen 83 g Alkohol braucht nur 6,1 g Trockensubstanz pro Kilo, während der Briefträger schon 9,7 g Trockensubstanz einnimmt. Die relativ hohen Zahlen in der Trockensubstanz und in der Größe der Eiweißzufuhr beim Färber VII können darauf zurückgeführt werden, daß derselbe keinen Alkohol einnimmt. Seine Tätigkeit ist weniger intensiv als diejenige der drei ersten Arbeiter.

Damit ist selbstverständlich die Alkoholfrage nicht gelöst. Ich will hier nicht erörtern, ob es für den Organismus von Vorteil ist, daß ein gewisses Quantum bestimmter Nahrungsstoffe durch Alkohol ersetzt wird. Diese Frage ist noch nicht entschieden. Daß ein größerer Alkoholverbrauch unbedingt zu bekämpfen ist, wird wohl jeder Mediziner anerkennen.

10. Der Kaloriengehalt der Kost. Die Werte für den Gesamtkaloriengehalt der Kost schwanken in meinen Versuchen zwischen 2631 und 3815 Kal., mit einem Mittelwert von 3181,5 Kal. Wie bei der Trockensubstanz, sind es der 18 jährige Färber und der Gärtner, die pro Kilo die größte Wärmezufuhr aufweisen. Sieht man vom jungen Färber ab, so finden wir den größten Kaloriengehalt in der Kost der Arbeiter mit strengeren Berufen. Das Maximum, 3815, erhält man beim Gärtner, der die schwerste Arbeit verrichtet. Die kleinsten absoluten Zahlen sind beim Briefträger und Bureauschreiber. Das Minimum der Kalorienzufuhr pro Kilo wird beim Tramführer beobachtet.

Wir haben im Kapitel III gesehen, daß bei einer Anzahl von Speisen (Suppen, Vegetabilien, siehe hierüber die Arbeiten Linetzkys und Grajewskys) der Trockensubstanzgehalt eine gute Norm für die Kenntnis des Kaloriengehaltes darstellt. Auch in der Haupttabelle Nr. 4, S. 21, zeigen die Zahlen für Trockensubstanz und Total der Kalorien ein auffallend konstantes Verhältnis. Zur Berechnung desselben muß selbstverständlich von der Zahl der Gesamtkalorien der Alkoholanteil abgezogen werden. Man erhält dann folgende Werte:

$$\text{Versuch} \quad\quad\quad I \quad II \quad III \quad IV \quad V \quad VI \quad VII \quad VIII$$
$$\frac{\text{Gesamtkal.} - \text{Alkoholkal.}}{\text{Trockensubstanz}} \quad 4,8 \quad 4,6 \quad 4,3 \quad 4,6 \quad 4,6 \quad 4,6 \quad 4,6 \quad 4,7$$

Bei einer gemischten Kost, wie sie uns in diesen Untersuchungen am häufigsten vorliegt, läßt sich aus der Trockensubstanz der Kaloriengehalt der Kost durch Multiplikation mit dem Faktor 4,6 erhalten. Ist die Kost besonders fettreich, so steigt der Faktor auf 4,8 (Versuch I), ist sie besonders reich an Kohlehydraten, so sinkt er auf 4,3 (Versuch III).

11. Die prozentuale Zusammensetzung der Kost. Die Berechnung der prozentualen Zusammensetzung der Kost aus den verschiedenen Nahrungsstoffen ergibt folgende Resultate[1]).

Tabelle 8.

Die prozentuale Zusammensetzung der Kost nach dem Gewichte der einzelnen Nahrungsstoffe inklusive Alkohol.

Versuch	I	II	III	IV	V	VI	VII	VIII	Mittel
Eiweiß . . .	18,0	15,8	13,2	15,6	13,3	17,2	17,7	16,5	15,9
Fett	18,4	12,7	9,5	13,9	12,6	13,8	15,1	15,6	14,0
Kohlehydrate	53,5	61,5	60,1	52,1	67,8	64,9	61,3	57,5	59,8
Alkohol . .	4,5	4,4	9,2	12,2	2,9	—	—	4,3	4,7
Asche . . .	5,5	5,6	8,0	6,2	3,4	4,1	5,9	6,0	5,6

Dem Gewichte nach schwankt das Eiweiß zwischen 13,2 und 18% der Trockensubstanz, d. h. hier Trockensubstanz plus Alkohol. Etwa $^{1}/_{6}$ des Gewichtes der Trockensubstanz plus Alkohol besteht aus Eiweiß. Nach Slosse sollte die Proteinzufuhr ungefähr $^{1}/_{5}$ der Nahrungsmenge betragen. Das Fett macht in meinen Versuchen 9,5—18,4%, die Kohlehydrate 53,5—61,3% der Trockensubstanz plus Alkohol aus. Der Alkohol selbst beteiligt sich im Durchschnitt mit 4,7% und die Asche mit 5,6% am Gewicht der Kost. Es ist kaum Zufall, daß der Arbeiter, welcher die reichlichsten Kohlehydratmengen verzehrt, auch das größte Quantum Asche einführt, während der Briefträger mit seiner knappen, aber sehr schlackenarmen Diät die kleinste Menge Asche erhält.

---

[1]) Ich habe es hier für richtiger gehalten, in den folgenden Berechnungen den Alkohol mit hineinzubeziehen.

Nach den Wärmewerten berechnet (Tabelle 9), enthält diese Basler Arbeiterkost 11,6—14,9% ihrer Kalorien als Eiweiß. Die entsprechenden Zahlen für den schwedischen Arbeiter sind 13,8—18,1%.

Tabelle 9.
Die prozentuale Zusammensetzung der Kost nach der Kraftzufuhr in den einzelnen Nahrungsmitteln.

Versuch	I	II	III	IV	V	VI	VII	VIII	Mittel
Eiweiß . . .	14,9	13,9	12,0	12,9	11,6	15,1	15,6	14,1	13,7
Fett	34,0	25,4	19,5	26,0	25,0	27,6	30,3	30,4	27,3
Kohlehydrate	44,3	54,1	54,4	43,9	59,0	57,3	54,1	49,3	52,1
Alkohol . .	6,8	6,6	14,1	17,2	4,4	—	—	6,2	6,9

Wenn die Wärmezufuhr in Fett, Kohlehydraten und Alkohol addiert wird, so erhalten die Versuchspersonen mit diesen Stoffen ungefähr 84—88% der gesamten Kraftzufuhr. In schwedischen Arbeiterkreisen bilden die stickstofffreien Nahrungsstoffe 82—86%, im Mittel 83% des gesamten Wärmewertes der Kost. In Belgien werden etwa 85% der Kalorien durch N-freie Nahrung bestritten. In der Kost finnländischer Studenten in Helsingfors (Sundström) findet man 84% der Kraftzufuhr aus N-freien Substanzen. Nach den Voitschen Zahlen hätten wir das gleiche Verhältnis: 84—85% der Gesamtkalorien aus Fett und Kohlehydraten. In der sehr fettarmen Kost der Japaner findet man ebenfalls die gleichen Relativzahlen: 86—87% eiweißfreier Stoffe. Es besteht zweifellos die Tendenz bei allen Völkern, die Nahrung derart zu gestalten, daß rund 15% der Gesamtkraftzufuhr aus Eiweiß, 85% aus den anderen Nahrungsstoffen bestehen. Auf 1 Kal. aus Eiweiß werden 5 Kal. aus N-freien Stoffen eingenommen. Man erhält für die Trockensubstanz ungefähr das gleiche Verhältnis[1]).

12. Die Kostmaße in verschiedenen Ländern. Die Soldatenkost. Die wichtigsten Angaben über die Zusammensetzung der Kost in verschiedenen Ländern finden sich in der Tabelle 10. Ich habe mit wenigen Ausnahmen nur diejenigen Werte zusammengestellt, welche sich auf die Arbeiterkost beziehen. In der letzten Kolonne habe ich angegeben, auf welche Art und Weise die Zahlen von den Autoren gewonnen wurden. Die meisten sind Mittelwerte von Untersuchungen der Verfasser selbst.

Die Resultate, welche aus dem Vergleich der hier zusammengestellten Zahlen hervorgehen, sind leicht ersichtlich und wurden zum größten Teil bereits in den früheren Abschnitten besprochen. Verglichen mit der Ernährungsweise in anderen Ländern, zeigt die Kost in Basel folgende charakteristischen Eigentümlichkeiten: Wenig Eiweiß, reichlich Fett, nicht sehr viel Kohlehydrate. Die

---

[1]) Ohne etwas präjudizieren zu wollen, sei hier mitgeteilt, daß das Eiweiß an der Zusammensetzung des Gesamtkörpers des Menschen mit 15—16% sich beteiligt: das gleiche Verhältnis wie in der Kost des Menschen.

Tabelle 10.
Die Kostmaße in verschiedenen Ländern.

	Eiweiß g	Fett g	Kohle- hydrate und Alkohol g	Kalorien	Bemerkungen
Voit 1877: Mittlerer Arbeiter, München	118,0	56	500	3054	Abgerundete Werte nach eigenen Anal.
Voit 1881: Strengerer Arbeiter, München.	135,0	80	500	3347,5	
Forster 1873: Arbeiter in München. .	131,9	81,5	457,4	3174,1	Mittelwerte von eigenen Analysen.
Erismann 1889: Russischer Fabrikarbeiter	131,8	79,7	583,8	3675,2	do.
Hultgren, Landergren 1891: Schweden, mittlerer Arbeiter	134,4	79,4	522,0	3436	do.
Strengerer Arbeiter	188,6	110,1	714,4	4726,2	
Atwater 1896: Amerika, mittlerer Arbeiter	150,0	150,0	500	4060	Abgerundete Werte nach eigenen Analysen.
Strengerer Arbeiter	175,0	250,0	650	5705	
Gautier 1904: Paris	102,1	56,5	400,4	2585,7	Zollstatistik·
Erwachsener bei absoluter Ruhe . .	80,0	50,0	250—300	1818—2083	Nach Erhebungen in verschiedenen
Erwachsener bei relativer Ruhe . .	107,2	64,5	407,5	2711	Ländern·
Arbeiter bei strenger Arbeit . . .	152,0	85,0	630,0	3884	do.
König 1904: Deutschland					Mittelwerte aus verschiedenen Statistiken
a) Ruhe und mäßig. Arbeit	100,0	50,0	400,0	2515	
b) mittlere Arbeit	120,0	60,0	500,0	3100	
c) schwere Arbeit	140,0	100,0	450	3344	
Sundström 1907: Finnland, städtische Arbeiter					Eigene Untersuchungen. aber ohne Analysen der Speisen.
a) mittlere Arbeit	124	105	380	3011	
b) strenge Arbeit	167	153	554	4378	
Slosse und Waxweiler 1910: Belgien, Mittelschwere Arb.	104,6	105,8	392,8	3023	Mittelwerte von eigenen Analysen.
Albertoni u. Rossi: Italien, Bauer der Abruzzen	72,8	53,3	450	2746,4	do.
Inaba 1912: Japan, Arbeiter von 55 bis 60 kg	90—95	16	560—600	2800—3000	Eigene Analysen (?).
Kreis 1908: Basel-Gefängniskost . . .	137,3	77,3	631,3	3870	Mittelwerte von eigenen Analysen.
Gigon 1914: Basler Arbeiter	106,7	94,2	450	3157,6	do.

Nahrung des Basler Arbeiters gehört mit derjenigen des italienischen Bauers und des japanischen Arbeiters zu den eiweißärmsten Kostformen. Der Japaner verzehrt sogar, pro Kilo berechnet, mehr Eiweiß als der Basler. Der Fettgehalt der Kost ist dagegen in Basel meistens höher als in den Nachbarländern. Einzig der Amerikaner genießt bedeutend größere Mengen Fett. Der Wärmewert für das mittlere Kostmaß der Arbeiter Basels entspricht demjenigen, welchen Förster in München erhielt und ungefähr dem Kaloriengehalt der Nahrung für mittlere Arbeit, welche König für Deutschland, Slosse und Waxweiler für Belgien, Sundström für Finnland angeben. Nach Rubner sollte ein Erwachsener bei mittelschwerer Arbeit 3121 Kal. pro Tag mit der Kost zuführen.

Die Soldatenkost (Tabelle 11), wie sie nach den Reglements in den verschiedenen Ländern bestehen sollte, weicht manchmal nicht unbedeutend von der mittleren Kostform der entsprechenden Völkerschaften ab. Die Verköstigung der Soldaten ist durchweg ärmer an Fett. Das Eiweiß und die Kohlehydrate sind in derselben verhältnismäßig reichlich vertreten. Der Wärmewert der Soldatenkost erscheint genügend, ist aber jedenfalls nicht zu reichlich bemessen. Diejenigen Militärkostmaße, welche am zweckmäßigsten zusammengesetzt scheinen, sind die der deutschen und japanischen Armee[1]).

Zum Schlusse noch eine Bemerkung. In der Tabelle 10 sind nur diejenigen Kostmaße zusammengestellt, welche bei gesunden, sich normal nährenden Arbeitern gefunden wurden bzw. für solche postuliert werden. Es ist klar, daß in der ärmsten Bevölkerung Nahrungsformen angetroffen werden, die der oben genannten Verköstigungsart durchaus nicht entsprechen. Es handelt sich aber fast stets um Leute, die mit ihrer Nahrungsweise unzufrieden sind; sie werden von den Verfassern, die sie untersuchten, als blasse, schwächliche oder kränkliche Individuen bezeichnet. So findet z. B. v. Rechenberg in armen Weberfamilien im Königreich Sachsen folgende Kostsätze: 65 g Eiweiß, 49 g Fett, 485 g Kohlehydrate, 2710 Kal. Meinert, Flügge u. a. geben weitere Beispiele, wo der Verbrauch an Nahrungsstoffen noch tiefer steht. Viele dieser Zahlen sind allerdings nicht einwandfrei. Es handelt sich auch immer um isolierte Erscheinungen mit notorisch ungünstigen Kostsätzen (übermäßig große Mengen Brot und Kartoffeln). Da das Ziel meiner Arbeit hauptsächlich darin bestand, den normalen Nahrungsverbrauch bei gesunden, kräftigen Arbeitern möglichst genau festzustellen, so habe ich die Erhebungen bei sehr armen, schwächlichen Individuen nicht berücksichtigt.

---

[1]) Im letzten deutsch-französischen Kriege wurde nach dem Einrücken der Truppen in Frankreich täglich für den deutschen Soldaten gefordert: 750 g Brot, 500 g Fleisch, 250 g Speck, 1 l Bier (oder ½ l Wein), dazu 30 g Kaffee und 60 g Tabak; darin sind enthalten: 171 g Eiweiß, 230 g Fett, 430 g Kohlehydrate (zitiert nach König). Man vergleiche diese Nahrungsgabe mit derjenigen der französischen Truppen!

Tabelle 11.

Die reglementarische Soldatenkost in verschiedenen Ländern.

	Eiweiß g	Fett g	Kohle- hydrate g	Kalorien
Deutsche Reichsarmee,				
Berechnet aus König, S. 397:				
Garnisonkost, Mittelwert . . .	103	31	510	2881,6
Manöverkost	125	44	554	3193,1
Kriegskost	140	65	541	3396,6
Frankreich,				
Pariser Bataillone während der Pa-				
riser Belagerung 1870/71 (nach				
Gautier)	82,8 (35 tier- Eiw.)	31,7	457,4	2430
Kriegskost, Heer	137	19	632	3329
Kiègskost, Marine	155	41	591	3440
Italien (nach Meinert):				
Garnisonkost	113	38	613	3330
Kriegskost	127	45	613	3452
England (Gautier S. 108):				
Kriegskost	154	31	457	2793
Amerika:				
Kriegskost	197	37	553	3419
Japan 1912 (Inaba):				
Friedenskost	104	17	630	3168
Kriegskost	109—124	6—16	766	3719
Marine.	132 (50 tier. Eiweiß)	18	547	2951
Schweiz:				
Friedenskost	130	30—35	450	2685
Kriegskost	145	40	590	3385

13. Zusammenfassung der Hauptresultate. Ich glaube behaupten zu dürfen, daß die von mir ermittelten Zahlen bei Basler Arbeitern einer Kostform entsprechen, welche den Bedürfnissen des Arbeiters mit mittelschwerer Arbeit vollauf genügt. Das ist keine zu knappe oder zu arme Kost; sie erscheint mir im großen Ganzen zweckmäßig zusammengesetzt.

Auf Grund der Tabelle 10 und meiner eigenen Untersuchungen möchte ich für die Normalkost eines mittleren Arbeiters in Europa folgende Standartzahlen annehmen:

1. Größe der Eiweißzufuhr: 90—110 g, davon 50% tierischer Herkunft, oder 110—130 g, wenn das Eiweiß nur zu $\frac{1}{3}$ dem Tierreiche entstammt.

2. Fettzufuhr: 60—80 g bei einer Kohlehydrateinnahme von 500—550 g, oder Fett 80—100 g, wenn die Kohlehydrate 400—450 g betragen.

3. Der Kaloriengehalt der Kost soll 2900—3300 Kal. erreichen.

Es ist unmöglich, auf Gramm präzise Zahlen für die Arbeiterkost anzugeben. Dies wäre auch vollkommen überflüssig. Es ist selbstverständlich, daß eine Nahrungsform nicht nach einem strengen Schema aufgestellt werden soll. Der Organismus besitzt auch ein gewisses Anpassungsvermögen. Die weiteren Momente, die hier in Betracht kommen, z. B. die Resorptionsfähigkeit der Kost, das Körpergewicht usw., sind bereits gewürdigt worden (siehe oben). Ich möchte jedoch die von mir angegebenen niederen Zahlen als Minimalzahlen betrachten. Die höheren Werte genügen sicher für die Bestreitung der Ausgaben eines kräftigen, gesunden Körpers bei mittlerer Arbeitsleistung.

VI. Die Verteilung der Kost auf die Mahlzeiten. Die täglichen Schwankungen in der Kost.

Mit Ausnahme des Briefträgers verteilen alle meine Versuchspersonen ihre Nahrung regelmäßig unter 4—5 Mahlzeiten täglich. Das Frühstück wird vor Beginn der Arbeit (6 Uhr morgens) genommen. Um 9 Uhr wird eine relativ kleine, aber meistens sehr konsistente Mahlzeit genossen: Brot, Käse, Fleisch, Tee oder Wein. Das Mittagessen findet um 12 Uhr statt. 4 Arbeiter nehmen auch um 4 Uhr etwas ein. Die Arbeitszeit veranlaßte den Briefträger, statt wie in hiesigen Arbeiterkreisen um 9 Uhr, die vierte konsistentere Mahlzeit um 4 Uhr einzunehmen. Das Abendessen wird auf 7 Uhr verlegt. In der Regel gilt das Mittagessen als die reichlichste Mahlzeit. Keine der Versuchspersonen arbeitete vor dem Frühstück. Untersuchungen über die Verteilung der Kost auf die einzelnen Mahlzeiten haben eine gewisse Bedeutung. Sie sollen eine Grundlage zur Aufstellung der Menus in Restaurants, Volkswirtschaften usw. abgeben. Die vorliegenden Untersuchungen führen zu folgenden Ergebnissen:

Die reichlichste Mahlzeit, was Trockensubstanz und Kalorienzahl betrifft, fällt nur bei den Personen I, IV, VI und VIII auf das Mittag-

Tabelle

Gesamtdurchschnitt der Versuche.

Mahlzeiten	Gesamt-gewicht	Wasser	Trocken-substanz	Eiweiß in g		
	g	g	g	tierisch	pflanzlich	total
Frühstück	714,8	570,1	143,2	10,6	8,3	18,9
9 Uhr (6 Pers.).	337,8	246,2	83,3	5,5	7,5	13,1
Mittagessen . . .	1216,3	1011,6	198,0	22,4	17,9	40,3
4 Uhr (5 Pers.).	203,5	168,6	30,8	1,7	1,8	3,5
Abendessen . . .	1067,3	870,6	184,3	19,5	11,3	30,8
Total .	3539,7	2867,1	639,6	59,71	46,95	106,7
Einnahmen pro kg Körpergewicht .	51,4	41,6	9,3	0,87	0,68	1,55

essen. Beim Gärtner III sind Mittagessen und Abendessen in dieser Beziehung ungefähr gleich. Der Briefträger nimmt die größte Menge Trockensubstanz und Kalorien mit dem Frühstück auf, die Arbeiter II und VII verlegen die reichlichste Nahrungszufuhr auf den Abend. Es muß dabei bemerkt werden, daß sämtliche Arbeiter angaben, ihre reichlichste Mahlzeit wäre diejenige zu Mittag. Damit stimmt allerdings überein, daß das Gesamtgewicht der Kost bei allen Personen, mit Ausnahme von Nr. II, sein Maximum für das Mittagessen aufweist. Auch die Gesamteiweißzufuhr ist bei 7 Personen mittags am größten. Bei 7 Arbeitern ist mittags und abends die Zufuhr an tierischem Eiweiß reichlicher als diejenige des Pflanzeneiweißes. Auch beim Frühstück ist das Tiereiweiß reichlicher vorhanden als Pflanzeneiweiß. Dies wird durch den hohen Milchgenuß bedingt. Fällt diese Komponente zum großen Teil weg, wie beim Tramführer, so überwiegen beim Frühstück die Pflanzenproteine. Auffallend ist die große Zufuhr an Nahrungsstoffen um 9 Uhr vormittags. Es werden z. B. vom Gärtner 970 Kal. um diese Stunde eingeführt. Eine ziemlich reichliche Alkoholzufuhr scheint um diese Zeit beliebt zu sein.

Wie lassen sich die vorliegenden Zahlen als Normen für das Mittagessen in Volksküchen usw. verwerten? Das Mittagessen in solchen Anstalten sollte für Arbeiter genügen, welche um 9 Uhr keine Nahrung zu sich nehmen. Wenn die 9-Uhr-Kost ausfällt, wird sie auf das Frühstück und Mittagessen verteilt. Dies geht z. B. aus den Zahlen beim Bureauschreiber VIII hervor. Aus meinem Zahlenmaterial möchte ich schätzen, daß ein Mittagessen im Volksrestaurant für Basler Verhältnisse ungefähr folgende Zusammensetzung haben sollte.

Eiweiß: Min. 50, Max. 70, davon die Hälfte aus tierischem Eiweiß.

Fett: Min. 40, Max. 80.

Kohlehydrate: Min. 160, Max. 200, 15—20 g Kohlehydrate können durch 10 g Alkohol ersetzt werden.

In der Literatur finden sich folgende Mittelzahlen für das Mittagessen angegeben:

Voit: 3 gutbezahlte Arbeiter: 74 g Eiweiß, 33 g Fett, 160 g Kohlehydrate, 1266 Kal.

12.

Körpergewicht, Mittel 68,9 kg.

Fett	Kohle-hydrate	Alkohol	Kalorien				
g	g	g	Eiweiß	Fett	Kohlehydr.	Alkohol	total
19,55	99,5	1,5	77,49	181,81	407,9	10,5	677,7
6,5	57,05	8,3	53,71	60,45	233,9	58,1	406,16
39,4	106,9	6,7	165,23	366,92	438,5	46,9	1017,05
2,7	21,8	4,1	14,35	25,11	89,3	28,7	157,46
24,85	116,86	12,4	126,28	231,0	479,0	86,8	923,08
93,0	402,1	33,0	437,1	864,9	1648,5	231,0	3181,5
1,35	5,70	0,48	6,35	12,55	23,94	3,35	46,19

Voit: für sein normales Kostmaß berechnet: 59 g Eiweiß, 34 g Fett, 160 g Kohlehydrate.

Hultgren und Landergren: 70 g Eiweiß, 30 g Fett, 204 g Kohlehydrate, 8 g Alkohol, 1460 Kal.

Für Basel nehme ich folgende Durchschnittswerte an: 55 g Eiweiß, 46 g Fett, 164 g Kohlehydrate, 15 g Alkohol, 1430 Kal.

Der Basler Arbeiter nimmt die Hälfte der täglichen Eiweiß- und Fettmenge mit dem Mittagessen bzw. mit dem Mittagessen plus der 9-Uhr-Mahlzeit ein. Ein Drittel der Kohlehydrate wird damit verzehrt. Voit erhielt für die in der Mittagsmahlzeit verzehrten Nahrungsstoffe folgende Prozente der Gesamtzufuhr: Eiweiß 50%, Fett 61%, Kohlehydrate 32%, ungefähr die gleichen Zahlen wie in Basel.

Endlich eine Bemerkung über die täglichen Variationen der Kost. Es wäre von Interesse, zu prüfen, ob an den Sonntagen die Kost sich anders gestaltet als an Wochentagen. Allein dafür erscheint mir mein Material zu klein, und zwar besonders deswegen, weil schon an den Wochentagen ganz beträchtliche Schwankungen vorhanden sind.

Zur Illustrierung teile ich folgende Zahlen mit:

Tabelle 13.

Versuchsperson	Tag	Eiweiß			Fett	Kohlehydrate	Alkohol	Gesamtkalorien
		Tier	Pfl.	total				
I. Bauschlosser	24. 1. Mittwoch	105,9	51,0	156,9	128,0	447,0	—	3666
	27. 1. Samstag	94,7	38,5	133,2	134,5	397,9	64	3877
	28. 1. Sonntag	101,6	23,0	124,7	52,5	243,9	48	2327
III. Gärtner	12. 3. Dienstag	49,4	52,8	102,2	99,5	405,5	35	3252
	14. 3. Donnerstag	70,7	49,3	120,0	67,6	420,9	56	3240
	15. 3. Freitag . .	82,9	63,0	145,9	81,7	586,9	116	4579
	17. 3. Sonntag . .	43,8	52,4	96,2	118,4	574,2	57	4246
VII. Färber (alt)	31. 3. Sonntag . .	72,9	30,9	103,9	143,6	381,3	—	3325
	1. 4. Montag . .	67,5	107,8	175,3	99,1	582,7	—	4028
	5. 4. Freitag . .	51,4	70,0	121,4	89,2	557,7	—	3614
	6. 4. Samstag. .	89,3	37,5	126,8	90,8	368,6	—	2876

Weitere Beispiele ließen sich leicht anführen. Beim gleichen Individuum kann der tägliche Eiweißkonsum von 104 g auf 175 g am folgenden Tage steigen, die Kohlehydrate von 250 g auf 400 g und mehr. Diese beträchtlichen Schwankungen, welche z. B. auch bei schwedischen Arbeitern gefunden wurden, zeigen zunächst, daß es, um die Kost einer Person festzustellen, notwendig ist, dieselbe während mehrerer Tage zu untersuchen. — Eine weitere praktische Bedeutung liegt in der Verwertung dieser regelmäßigen Erscheinungen für die Zusammenstellung der Kost von Soldaten oder in öffentlichen Anstalten. Das bestimmende Prinzip bei der Aufstellung der Verköstigung in öffentlichen Anstalten ist, daß jede Person täglich so viel Eiweiß, Fett und Kohlehydrate erhält, wie das angenommene normale Kostmaß angibt. Sind die Portionen sehr reichlich, so sind tägliche individuelle Variationen möglich. Ist es aber nicht der Fall, so muß die Kost für die einzelnen Individuen einförmig erscheinen. Dieselben würden darunter leiden und sich bei einer schlechteren, aber abwechslungsreicheren Kost wohler fühlen. Es wäre zweifellos vorteilhaft, z. B. in Kasernen oder in öffentlichen Anstalten den täglichen Gehalt der Nahrung an Eiweiß, Fett und Kohlehydraten noch mehr variieren zu lassen als es bis jetzt geschieht, natürlich unter der Voraussetzung, daß der mittlere Wert für 5—7 Tage mit dem Normalen übereinstimmt. Dieses ausgesprochene Bedürfnis des Organismus nach qualitativ großen Abweichungen in der Kost erklärt vielleicht auch zum Teil, warum die modernen Kohlehydratkuren beim Diabetes bisweilen eklatante Erfolge aufweisen.

VII. Schlußbemerkungen.

Am Schlusse der Arbeit drängt sich unwillkürlich die Frage auf: Gibt es Mittel und Wege, die Arbeiterkost noch zweckmäßiger und billiger zu gestalten? Eine Antwort ist aber bedeutend schwieriger, als es beim ersten Blick den Anschein haben könnte. v. Rechenberg hat 1890 die Ernährung armer Handweberfamilien des Bezirkes Zittau (Sachsen) untersucht. Er erhielt pro Mann berechnet eine Zufuhr von 65 g Eiweiß, 49 g Fett, 485 g Kohlehydrate und 2700 Kal. pro Tag (Rohwerte). Die Ernährungsweise erscheint daraus sehr ärmlich; der Zustand dieser Handweberfamilien läßt gesundheitlich sehr zu wünschen übrig. Die Männer sehen blaß aus, sind sehr mager und schwächlich. Die Hauptnahrungsmittel dieser Leute sind Brot, Kartoffeln, Butter und Mehl. Es erscheint sehr merkwürdig, daß die teure Butter relativ reichlich genossen wird, während das Schweinefett z. B. einen ebenso konzentrierten Wärmespender darstellt und halb so teuer ist. Auf die Frage v. Rechenbergs, warum nicht weniger Butter und dafür entsprechend mehr anderes Fett gegessen wurde, erhielt er die Antwort, „daß sie Butter gut vertrügen, nicht aber Schweinefett und Rindsfett in größerer Menge ... Ich muß gestehen,“ schreibt Verf., daß ich, ehe ich die Verhältnisse der Handweber persönlich näher kennen gelernt hatte, des Glaubens war, durch den teilweisen Ersatz der Butter durch das billigere Schweinefett und durch Beschaffung von Fleisch mit Hilfe der erzielten Ersparnis eine durchgreifende Besserung der Kost ohne jede Mehrausgabe erzielen zu können. Es war ein Irrtum, eine Verbesserung der Handweberkost ohne gleichzeitige Verteuerung für ausführbar zu halten.“

Ebenso schwer ist es, vernünftige Vorschläge zur Veränderung der Kost meiner Versuchspersonen zu machen. Die Ernährungsweise des Basler Arbeiters ist allerdings eine genügende und relativ gute, was von derjenigen der Zittauer Weber nicht gesagt werden kann.

Modifikationen in der Nahrungsform brauchen infolgedessen hier weniger eine Verbesserung als vielmehr eine Verbilligung derselben zu erstreben, ohne aber gleichzeitig eine Verschlechterung zu bedingen.

Will man doch den Versuch machen, Verbesserungen vorzuschlagen, so ließe sich darüber streiten, ob es nicht zweckmäßiger wäre, den Kaffeegenuß und den Konsum an Suppen etwas einzuschränken. Als Ersatz wäre Obst am meisten zu empfehlen. Gedörrte Äpfel, Zwetschen u. ä. könnten dann reichlicher gebraucht werden, ohne die Ausgaben für die Nahrung zu erhöhen. Auch rohes Obst bei der günstigen Jahreszeit dürfte mit Vorteil Verwendung finden.

Ebenso schwer ist es, Vorschläge anzugeben, welche diese Arbeiterkost billiger gestalten sollten, ohne gleichzeitige Verschlechterung. Sehr naheliegend erscheint es, einen Teil des relativ teuren Fleisches durch billige Fische zu ersetzen. Fisch ist in dieser Arbeiterkost sehr spärlich vorhanden. Doch ließen sich reichliche und sehr billige Eiweißmengen als Hering, Kabeljau, Schellfisch einführen. Sehr wahrscheinlich würde bei reichlicherer Fischnahrung der Arbeiter mehr Eiweiß einnehmen als bei vorwiegend der Fleischkost. Auch die relativ teure Milch könnte eingeschränkt werden. Kartoffeln, Reis, Haferflocken, Pflanzenfett könnten den Ausfall an Nahrungsstoffen ersetzen. Verhältnismäßig billig und sehr nahrhaft sind die von der Arbeiterfrau selbst zubereiteten Konfitüren („Eingemachtes"). Ob Weißbrot durch Schwarzbrot mit Vorteil ersetzt werden kann, erscheint mir fraglich. Ein Gewinn für die Nahrung der Arbeiter wäre, nach neueren Untersuchungen zu urteilen, die Einführung der Sojabohne als Gemüse. Sie ist sehr eiweiß- und fettreich; die Pflanze macht zum Gedeihen sehr wenig Anspruch auf die Bodenbeschaffenheit und Pflege, so daß die Bohne sehr billig verkauft werden kann. In gewissen Gegenden Deutschlands soll die Sojabohne schon eingeführt sein. Hier in Basel ist sie oder billige Präparate aus derselben noch nicht erhältlich.

Die Lehre von der Ernährung ist noch lange nicht abgeschlossen. Dennoch wird gerade dieses Gebiet von Laienkreisen mit verblüffender Sicherheit besprochen. Gegenüber den Bestrebungen, welche von denselben mit großer Propaganda vertreten werden, möchte ich zum Schlusse einer Überzeugung Ausdruck geben, die ich durch meine Untersuchungen gewonnen habe. Die rationelle Nahrung des gesunden erwachsenen Menschen muß eine gewisse Menge Fleisch enthalten. Die strenge vegetabilische Nahrungsweise ist für den Erwachsenen in gesunden Tagen unbedingt als schädlich zu bekämpfen.

VIII. Anhang.

Tägliche Stickstoffeinnahme und -ausgabe bei den Versuchspersonen.

Versuchstage	1	2	3	4	5	6	7	8	9	Mittel
I. Bauschlosser:										
N in der Nahrung .	25,3	20,5	13,5	21,3	19,9	22,6	16,8	16,2	21,2	19,7
N im Harne . . .	19,6	10,5	13,8	17,7	18,4	18,1	12,9	13,5	12,1	15,3
II. Kesselschmied:										
N in der Nahrung .	13,1	12,5	15,3	21,9	22,2	16,8	11,8	—	—	16,2
N im Harne . . .	16,1	13,4	12,9	14,2	13,5	15,9	10,8	—	—	13,8
III. Gärtner:										
N in der Nahrung .	16,4	18,3	19,2	21,7	18,2	15,4	13,8	—	—	17,8
N im Harne . . .	16,7	15,9	19,4	21,5	10,0	16,8	11,5	—	—	16,0
IV. Tramführer:										
N in der Nahrung .	13,8	16,9	9,2	14,3	11,2	17,1	34,5	17,4	18,5	17,0
N im Harne . . .	10,8	10,5	10,3	10,7	8,5	8,3	10,9	13,8	11,3	10,6
V. Briefträger:										
N in der Nahrung .	11,2	10,8	14,8	9,4	13,9	18,1	—	—	—	12,9
N im Harne . . .	10,6	10,6	10,9	21,8 [1]	14,0	7,1	—[2]	—	—	12,6
VI. Färber:										
N in der Nahrung .	11,0	10,3	18,5	11,2	8,4	23,4	16,6	19,7	21,4	15,6
N im Harne . . .	9,8	9,9	9,0	10,6	6,7	12,3	7,9	9,0	8,9	9,3 ungenau
VII. Färber:										
N in der Nahrung .	16,6	28,0	23,5	19,4	20,5	19,4	20,3	—	—	21,1
N im Harne . . .	16,6	18,7	21,0	19,3	22,5	17,9	17,4	—	—	19,1
VIII. Bureauschreiber:										
N in der Nahrung .	14,4	14,9	20,1	21,4	14,2	13,6	14,2	—	—	16,1
N im Harne . . .	18,2	12,5	13,7	13,5	13,8	8,1	11,8	—	—	13,1

[1]) An diesem Tage trank die Person 1400 ccm Bier zum Nachtessen, an den anderen Tagen entweder kein oder nur wenig Bier.

[2]) N im Harne fehlt.

Versuchsperson I. Bauschlosser,
Versuchsdauer:

Mahlzeiten	Gesamt-gewicht g	Wasser g	Trocken-substanz g	Eiweiß g		
				Tier.	Pfl.	Total
Frühstück	803,9	662,5	141,4	10,5	6,3	16,9
9 Uhr	338,8	222,2	109,5	16,1	7,6	23,7
Mittagessen . . .	1448,8	1236,0	205,7	30,4	15,6	45,9
Abendessen . . .	1236,1	1025,1	194,1	28,0	8,6	36,6
Total .	3827,6	3145,8	650,7	85,0	38,1	123,1
Einnahmen pro kg Körpergewicht .	59,62	49,00	10,13	1,32	0,59	1,91

Versuchsperson II. Kesselschmied,
Versuchsdauer:

Mahlzeiten	Gesamt-gewicht g	Wasser g	Trocken-substanz g	Eiweiß g		
				Tier.	Pfl.	Total
Frühstück	680,0	584,4	95,6	6,8	2,6	9,4
9 Uhr	224,3	106,6	113,4	5,8	15,0	20,8
Mittagessen . . .	1281,4	1100,3	176,8	22,7	12,7	35,5
4 Uhr	128,7	109,3	16,5	0,1	0,8	0,9
Abendessen . . .	1631,4	1404,7	210,1	24,1	10,7	34,8
Total .	3945,8	3305,3	612,4	59,5	41,8	101,3
Einnahmen pro kg Körpergewicht .	67,6	56,6	10,5	1,02	0,72	1,74

Versuchsperson III. Gärtner,
Versuchsdauer:

Mahlzeiten	Gesamt-gewicht g	Wasser g	Trocken-substanz g	Eiweiß g		
				Tier.	Pfl.	Total
Frühstück	578,6	453,0	125,5	8,7	7,0	15,7
9 Uhr	1161,4	929,5	200,2	6,3	15,8	22,2
Mittagessen . . .	1421,3	1190,4	208,4	16,8	16,5	33,3
4 Uhr	94,2	78,5	12,4	—	0,4	0,4
Abendessen . . .	1063,4	826,3	217,8	25,5	14,2	39,7
Total .	4319,0	3477,8	764,3	57,3	53,9	111,2
Einnahmen pro kg Körpergewicht .	61,7	49,7	10,9	0,82	0,77	1,59

37 J., 64,2 kg, 24. I. bis 1. II. 1912.
9 Tage.

Fett	Kohle-hydrate	Alkohol	Kalorien				
g	g	g	Eiweiß	Fett	Kohlehydr.	Alkohol	Total
33,7	85,5	—	69,0	313,2	350,0	—	732,2
16,0	65,3	7,1	97,2	149,1	267,6	49,8	563,7
45,4	100,1	7,2	188,1	422,2	410,5	50,5	1071,3
28,7	115,0	16,9	150,4	266,9	471,5	129,3	1018,1
123,8	365,9	31,2	504,7	1151,4	1499,6	229,6	3385,3
1,93	5,69	0,49	7,84	17,94	23,34	3,58	52,70

28 J., 58,4 kg, 18. II. bis 24. II. 1912 inkl.
7 Tage.

Fett	Kohle-hydrate	Alkohol	Kalorien				
g	g	g	Eiweiß	Fett	Kohlehydr.	Alkohol	Total
14,4	68,1	—	38,3	133,7	279,0	—	451,1
6,8	82,3	4,3	85,4	63,2	337,5	30,1	516,2
31,4	98,7	4,3	146,3	292,0	404,6	30,1	873,0
1,4	11,5	2,8	3,8	13,0	47,4	19,6	83,8
27,6	133,4	16,6	142,9	257,0	547,1	116,6	1063,6
81,6	394,1	28,1	416,8	758,9	1615,6	196,4	2987,7
1,39	6,75	0,5	7,13	12,99	27,7	3,4	51,2

33 J., 70 kg, 12. III. bis 18. III. 1912.
7 Tage.

Fett	Kohle-hydrate	Alkohol	Kalorien				
g	g	g	Eiweiß	Fett	Kohlehydr.	Alkohol	Total
15,9	90,0	—	64,5	148,4	368,9	—	581,8
8,9	140,7	31,7	90,9	83,1	576,9	222,0	972,9
26,4	130,6	22,5	136,5	245,5	535,5	158,0	1075,5
0,9	9,8	3,4	1,7	8,5	40,1	24,0	74,3
27,8	134,7	19,3	162,8	258,7	552,6	136,0	1110,1
80,0	505,8	77,0	456,4	744,2	2074,0	540,0	3814,6
1,14	7,23	1,1	6,54	10,61	29,63	7,7	54,6

Versuchsperson IV. Tramführer,
Versuchsdauer:

Mahlzeiten	Gesamt-gewicht g	Wasser g	Trocken-substanz g	Eiweiß g		
				Tier.	Pfl.	Total
Frühstück	490,7	404,2	78,2	2,7	6,7	9,4
9 Uhr	444,4	355,9	65,7	5,7	3,8	9,5
Mittagessen . . .	1225,5	994,2	226,9	24,3	30,9	55,2
4 Uhr	427,7	368,8	32,3	1,6	1,2	2,8
Abendessen . . .	1220,5	1002,3	197,2	14,8	14,6	29,3
Total .	3808,8	3125,4	600,3	49,1	57,2	106,2
Einnahmen pro kg Körpergewicht .	38,6	31,7	6,1	0,5	0,58	1,08

Versuchsperson V. Briefträger,
Versuchsdauer:

Mahlzeiten	Gesamt-gewicht g	Wasser g	Trocken-substanz g	Eiweiß g		
				Tier.	Pfl.	Total
Frühstück	778,3	571,5	206,9	13,5	13,9	27,5
Mittagessen . . .	957,5	795,2	156,9	14,3	10,0	24,3
4 Uhr	445,0	334,0	111,0	6,5	7,3	13,8
Abendessen . . .	721,6	588,7	119,9	6,9	9,0	15,9
Total .	2902,5	2289,4	594,7	41,2	40,2	81,5
Einnahmen pro kg Körpergewicht .	47,6	37,5	9,7	0,7	0,7	1,4

Versuchsperson VI. Färber,
Versuchsdauer:

Mahlzeiten	Gesamt-gewicht g	Wasser g	Trocken-substanz g	Eiweiß g		
				Tier.	Pfl.	Total
Frühstück	647,2	513,6	133,6	10,4	11,4	21,8
9 Uhr	136,1	47,5	88,6	2,2	9,9	12,1
Mittagessen . . .	960,5	774,2	186,4	23,5	15,3	38,8
Abendessen . . .	634,4	475,8	158,6	13,2	11,6	24,8
Total .	2378,2	1811,1	567,2	49,3	48,2	97,5
Einnahmen pro kg Körpergewicht .	49,0	37,3	11,7	1,0	1,0	2,0

31 J., 98,5 kg, 7. I. bis 15. I. 1912.
9 Tage.

Fett	Kohle-hydrate	Alkohol	Kalorien				
g	g	g	Eiweiß	Fett	Kohlehydr.	Alkohol	Total
4,0	61,9	8,4	38,5	37,5	253,9	58,4	388,2
8,7	39,8	22,9	39,4	81,6	163,5	160,2	444,9
59,9	101,3	4,4	226,7	557,1	415,3	31,1	1230,2
2,2	20,9	26,6	11,6	20,6	86,1	186,7	305,0
20,0	135,3	21,0	120,2	184,2	555,0	147,2	1006,6
94,8	359,3	83,3	436,4	881,0	1473,8	583,6	3374,9
0,96	3,65	0,84	4,43	8,93	14,96	5,9	34,2

36 J., 61,0 kg, 25. II. bis 2. III. 1912.
7 Tage.

Fett	Kohle-hydrate	Alkohol	Kalorien				
g	g	g	Eiweiß	Fett	Kohlehydr.	Alkohol	Total
20,1	153,4	—	112,6	187,0	628,1	—	927,7
33,9	95,7	5,3	99,6	315,3	392,1	37,3	844,3
12,1	81,4	—	56,8	112,6	333,7	—	503,1
11,4	85,1	13,0	65,1	106,2	348,4	91,0	610,7
77,5	415,6	18,3	334,1	721,1	1702,3	128,3	2885,8
1,3	6,8	0,3	5,47	11,8	27,9	2,1	47,3

18 J., 48,5 kg, 8. V. bis 17. V. 1911[1]).
9 Tage.

Fett	Kohle-hydrate	Alkohol	Kalorien				
g	g	g	Eiweiß	Fett	Kohlehydr.	Alkohol	Total
15,0	91,2	—	89,6	140,0	373,9	—	603,5
4,4	70,7	—	49,7	40,7	290,2	—	380,6
38,8	98,6	—	159,0	359,4	404,2	—	922,6
20,3	108,2	—	101,7	188,9	443,6	—	734,2
78,5	368,7	—	400,0	729,0	1511,9	—	2640,9
1,6	7,6	—	8,2	15,0	31,2	—	54,4

[1]) Der 14. Mai konnte nicht, äußerer Umstände halber, als Versuchstag gerechnet werden.

Versuchsperson VII. Färber,

Versuchsdauer:

Mahlzeiten	Gesamt-gewicht g	Wasser g	Trocken-substanz g	Eiweiß g		
				Tier.	Pfl.	Total
Frühstück	1004,3	800,1	204,2	20,8	12,9	33,7
9 Uhr	397,1	308,2	88,9	8,3	8,1	16,4
Mittagessen . . .	1167,1	982,4	184,8	20,9	18,7	39,6
4 Uhr	532,8	458,0	74,8	5,2	5,1	10,3
Abendessen . . .	888,6	696,5	192,0	17,8	14,0	31,9
Total .	3990,0	3245,2	744,7	73,0	58,8	132,0
Einnahmen pro kg Körpergewicht .	50,5	41,1	9,4	1,0	0,7	1,7

Versuchsperson VIII. Bureauschreiber,

Versuchsdauer:

Mahlzeiten	Gesamt-gewicht g	Wasser g	Trocken-substanz g	Eiweiß g		
				Tier.	Pfl.	Total
Frühstück	735,0	571,3	160,3	11,44	5,9	17,34
Mittagessen . . .	1268,6	1020,6	237,7	26,3	23,4	49,7
Abendessen . . .	1142,8	945,6	184,6	25,6	8,1	33,7
Total .	3146,4	2537,5	582,6	63,34	37,4	100,74
Einnahmen pro kg Körpergewicht .	44,0	35,5	8,1	0,89	0,52	1,41

IX. Literaturangaben.

Linetzky: Die Zusammensetzung vegetabilischer tischfertiger Speisen der freigewählten Arbeiterkost. Inaug.-Diss., Basel 1914, und Zeitschr. f. physikal. und diätetische Therapie 1914.

Grajewsky: Die Zusammensetzung tischfertiger Speisen animalischer Herkunft der freigewählten Arbeiterkost. Inaug.-Diss., Basel 1914.

Voit: Untersuchung der Kost in einigen öffentlichen Anstalten. München 1877.

Voit: Physiologie der Ernährung. In Hermanns Handbuch 1881.

Schüle: Untersuchungen über die Sekretion und Motilität des normalen Magens. Zeitschr. f. klin. Med. Bd. 29, S. 82.

Gröbbels: Einfluß des Trinkens auf die Verdauung fester Substanzen. Zeitschr. f. physiol. Chem. 1914, Bd. 89, S. 1.

Völtz, Förster und Baudrexel: Pflügers Arch., Bd. 134, S. 133; 1911.

J. Lehmann: Über den Kaffee als Getränk in chemisch-physiologischer Hinsicht. Annalen der Chemie und Pharmacie Bd. XI, S. 205 u. 275; 1853.

Hirschfeld: Pflügers Arch. Bd. 41, S. 564; 1887. Bd. 44, S. 428; 1889.

Klemperer: Zeitschr. f. klin. Med. Bd. 16, S. 571; 1889.

Gautier: L'Alimentation. 2. Aufl. Paris 1904.

Albertoni und Rossi: Neue Untersuchungen über die Wirkung der tierischen Proteine auf Vegetarianer. Arch. f. exper. Pathol. u. Pharmak. Bd. 64, S. 439; 1911.

50 J., 79 kg, 31. III. bis 6. IV. 1913.

7 Tage.

Fett	Kohle-hydrate	Alkohol	Kalorien				
g	g	g	Eiweiß	Fett	Kohlehydr.	Alkohol	Total
22,0	141,1	—	138,6	204,5	578,5	—	921,6
7,3	57,6	—	67,4	67,7	236,0	—	371,1
41,1	93,8	—	163,4	382,1	384,3	—	929,8
5,0	50,7	—	42,2	46,7	207,8	—	296,7
37,4	114,2	—	130,7	347,8	468,2	—	946,7
112,8	457,4	—	542,3	1048,8	1874,8	—	3465,9
1,4	5,8	—	6,9	13,3	23,7	—	43,9

31 J., 71,5 kg, 4. III. bis 10. III. 1913 inkl.

7 Tage.

Fett	Kohle-hydrate	Alkohol	Kalorien				
g	g	g	Eiweiß	Fett	Kohlehydr.	Alkohol	Total
24,57	104,8	3,4	71,1	228,7	429,8	24,0	753,6
39,73	136,8	10,3	203,8	369,6	560,8	72,0	1206,2
30,62	109,0	12,7	138,3	285,0	446,2	88,6	958,1
94,92	350,6	26,4	413,2	883,3	1436,8	184,6	2917,9
1,33	4,90	0,4	5,78	12,35	20,09	2,58	40,80

König: Die menschlichen Nahrungs- und Genußmittel Bd. II. 2. Aufl. Berlin 1904.

Rubner: Kalorimetrische Untersuchungen. Zeitschr. f. Biologie Bd. 21, S. 250 u. 337; 1885.

Rubner: Physiologie der Nahrung und der Ernährung. In v. Leydens Handbuch der Ernährungstherapie Bd. I. Leipzig 1903.

Rubner: Wandlungen in der Volksernährung. Leipzig 1913.

Pflüger: Über einige Gesetze des Eiweißstoffwechsels. Pflügers Arch. Bd. 54, S. 333; 1893.

Inaba: Zitiert nach Kenzo Suto: Die Ernährung der Japaner. Med. Klinik 1913, S. 1885.

Lusk: Ernährung und Stoffwechsel 1910.

Jaffa und Mc. Cay: Nach Lafayette Mendel zitiert.

Lafayette B. Mendel: Theorien des Eiweißstoffwechsels nebst einigen praktischen Konsequenzen derselben. Ergebnisse der Physiologie Bd. XI, S. 418; 1911.

Meinert: Armee- und Volksernährung. Berlin 1880.

Schwenkenbecher: Die Nährwertberechnung tischfertiger Speisen. Zeitschr. f. diät. und physik. Therapie Bd. 4, S. 381; 1900.

Slosse und Waxweiler: Enquête sur le régime alimentaire de 1065 ouvriers belges. Travaux de l'Institut Solvay, Fasc. 9; 1910.

Rubner: Kalorimetrische Untersuchungen. Zeitschr. f. Biologie Bd. 21, S. 250 u. 337; 1885.

Rosenheim: Weitere Untersuchungen über die Schädlichkeit eiweißarmer
    Nahrung. Pflügers Arch. Bd. 54, S. 61; 1893.
Pflüger: Über einige Gesetze des Eiweißstoffwechsels.   Pflügers Arch. Bd. 54,
    S. 333; 1893.
Albertoni: Les diètes dans les hôpitaux d'Italie.   Arch. italiennes de biologie
    Bd. 30, S. 445; 1898.
Hultgren und Landergren: Untersuchung über die Ernährung schwedischer
    Arbeiter bei freigewählter Kost.   Stockholm 1891.
Kreis: Bericht über die Tätigkeit des kantonalen chemischen Laboratoriums
    Basel-Stadt.   Basel 1908.
Pflüger und Bohland: Über die Größe des Eiweißumsatzes bei dem Menschen.
    Pflügers Arch. Bd. 36, S. 165; 1885.
Magnus-Levy: Physiologie des Stoffwechsels.   In v. Noordens Handbuch der
    Pathologie des Stoffwechsels Bd. I, 1906.
Sundström: Über die Ernährung bei freigewählter Kost.   Skandin. Arch. f.
    Physiologie Bd. XIX, S. 78; 1907.   (Keine Analysen der Kost.)
Erwin Thomas: Experimentelle Beiträge zur Frage der Beziehungen von
    Infektion und Ernährung I.   Biochem. Zeitschr. Bd. 57, S. 456; 1913.
Hornemann: Experimentelle Beiträge zur Frage der Beziehungen von In-
    fektion und Ernährung II.   Biochem. Zeitschr. Bd. 57, S. 473; 1913.
Albertoni u. Rossi: Sul valore alimentare del vino.   Bologna 1909.
Chittenden: Physiological economy in nutrition.   New York 1904.
Fletcher: Die Eßsucht und ihre Bekämpfung.   Deutsche Ausgabe von v. Bo-
    rosini.   3. Aufl.   Dresden 1911.
Karl Thomas: Über die biologische Wertigkeit der Stickstoffsubstanzen in
    verschiedenen Nahrungsmitteln.   Arch. f. (Anat. und) Physiologie 1909, S. 219.
Karl Thomas: Über das physiologische Stickstoffminimum.   Ibid. 1910, S. 249.
Wolf: Über den Einfluß der Extraktivstoffe des Fleisches auf die Ausnutzung
    vegetabilischer Nahrung.   Zeitschr. f. klin. Med. Bd. 76, S. 66; 1912,
Atwater: Neue Versuche über Stoff- und Kraftwechsel im menschlichen
    Körper.   Ergebn. der Physiologie.   Abt. I, S. 497; 1904.
Albertoni und Rossi: Recherches sur la valeur comparative de l'aliment végétat
    et de l'aliment animal et sur le bilan protéique „minimum".   Arch. italiennes
    de biologie Bd. 51, S. 385; 1909,
Hindhede: Untersuchungen über die Verdaulichkeit der Kartoffeln.   Zeitschr.
    f. physik. und diätet. Therapie Bd. 16, S. 657; 1912,
Hindhede: Untersuchungen über die Verdaulichkeit einiger Brotsorten. Zeitschr.
    f. physik. und diätet. Therapie Bd. 17, S. 68; 1913,
Völtz und Baudrexel: Über den Einfluß der Extraktivstoffe des Fleisches auf
    die Resorption der Nährstoffe.   Der physiologische Nährwert des Fleisch-
    extraktes.   Pflügers Arch. Bd. 138, S. 275.
v. Rechenberg: Die Ernährung der Handweber in der Amtshauptmannschaft
    Zittau.   Leipzig 1890.
Munk und Uffelmann: Die Ernährung des gesunden und kranken Menschen.
    2. Aufl.   1891.
Förster: Beiträge zur Ernährungsfrage.   Zeitschr. f. Biologie Bd. 9, S. 381; 1873.
v. Bunge: Der wachsende Zuckerkonsum und seine Gefahren.   Zeitschr. f. Biologie
    Bd. 41.
Albertoni und Rossi: Die Wirkung des Fleisches auf Vegetarianer.   Schmiede-
    bergs Festschr.   Arch. f. exper. Pathol. u. Pharm. 1908.
Lichtenfeldt: Über die Ernährung und deren Kosten bei deutschen Arbeitern.
    Basler volkswirtschaftliche Arbeiten Nr. 2; 1911.
Krömmelbein: Massenverbrauch und Preisbewegung in der Schweiz.   Basler
    volkswirtschaftliche Arbeiten Nr. 2; 1911.
Slowtzoff: Die Ausnutzung des Fischfleisches im Vergleich mit der des Rind-
    fleisches und die Wirkung des Fischfleisches auf die Zusammensetzung des
    Harnes.   Zeitschr. f. physik. und diätet. Therapie Bd. 14. 1910.
Staehelin: Untersuchungen über vegetarische Diät mit besonderer Berücksich-
    tigung des Nervensystems.   Zeitschr. f. Biologie Bd. 49, S. 199; 1907.

Springer-Verlag Berlin Heidelberg GmbH

Diätetik der Stoffwechselkrankheiten. Von **Dr. Wilhelm Croner.** 1913.
Preis M. 2,80; in Leinwand gebunden M. 3,40.

Diätetische Küche für Klinik, Sanatorium und Haus. Zusammengestellt
mit besonderer Berücksichtigung der Magen-, Darm- und Stoffwechsel-
kranken von **Dr. A. und Dr. H. Fischer,** Sanatorium „Untere Waid" bei
St. Gallen i. d. Schweiz. 1913.   In Leinwand gebunden Preis M. 6,—.

Diätetik innerer Erkrankungen zum praktischen Gebrauche für Ärzte und
Studierende. Von Professor **Dr. Theodor Brugsch.** 1911.
Preis M. 4,80; in Leinwand gebunden M. 5,60.

Kochlehrbuch und praktisches Kochbuch für Ärzte, Hygieniker, Haus-
frauen, Kochschulen. Von Professor **Dr. Chr. Jürgensen** in Kopenhagen.
Mit 31 Figuren auf Tafeln. 1910.
Preis M. 8,—; in Leinwand gebunden M. 9,—.

Die Bedeutung der Getreidemehle für die Ernährung. Von **Dr. Max Klotz,**
Arzt am Kinderheim Lewenberg und Spezialarzt für Kinderkrankheiten in
Schwerin. Mit 3 Abbildungen. 1912.   Preis M. 4,80.

Nährwerttafel.   Gehalt der Nahrungsmittel an ausnutzbaren Nährstoffen, ihr
Kalorienwert und Nährgeldwert, sowie der Nährstoffbedarf des Menschen. Gra-
phisch dargestellt von Geh. Reg.-Rat **Dr. J. König,** o. Professor an der
Westfälischen Wilhelms-Universität in Münster i. W.   Elfte, verbesserte
Auflage. 1913.   Preis M. 1,60.

Synthese der Zellbausteine in Pflanze und Tier.   Lösung des Problems
der künstlichen Darstellung der Nahrungsstoffe.   Von Prof. **Dr. Emil
Abderhalden,** Direktor des Physiologischen Instituts der Universität zu
Halle a. S. 1912.   Preis M. 3,60; in Leinwand gebunden M. 4,40.

Soziale Medizin.   Ein Lehrbuch für Ärzte, Studierende, Medizinal- und Ver-
waltungsbeamte, Sozialpolitiker, Behörden und Kommunen. Von **Dr. med.
Walther Ewald,** Privatdozent der Sozialen Medizin an der Akademie
für Sozial- und Handelswissenschaften in Frankfurt a. M, Stadtarzt in
Bremerhaven.
Erster Band: 1. Die Bekämpfung der Seuchen und ihre gesetzlichen Grund-
lagen. 2. Die sonstigen Maßnahmen zur Bekämpfung der allgemeinen
Sterblichkeit. Mit 76 Textfiguren und 5 Karten. 1911.
Preis M. 18,—; in Halbleder gebunden M. 20,—.
Zweiter Band: Soziale Medizin und Reichsversicherung.   Mit 75 Text-
figuren. 1914.   Preis M. 26,—; in Halbleder gebunden M. 28,50.

Grundriß der sozialen Hygiene.   Für Mediziner, Nationalökonomen, Ver-
waltungsbeamte und Sozialreformer.   Von **Dr. med. Alfons Fischer,** Arzt
in Karlsruhe i. B.   Mit 70 Abbildungen im Text.
Preis M. 14,—; in Leinwand gebunden M. 14,80.

Zu beziehen durch jede Buchhandlung.